Robert Höck

EDITION 2.0

Happy Huhn

Von dem Vergnügen, glückliche Hühner halten zu dürfen.

green PRINT

Das Buch zur „YouTube"-Serie

Robert Höck
im Sommer 2022
mit Vorwerk-Henne
Heide vor dem
berühmten
„Happy Hühnerstall“.

Robert Höck

EDITION 2.0

Happy Huhn

Von dem Vergnügen, glückliche Hühner halten zu dürfen.

NEU überarbeitete Auflage 2021

LANDLEBEN

Liebe Leserin,

wir freuen uns, dass wir dir mit unserem Buch neue Inspiration liefern dürfen und hoffen, es wird dir gefallen. Weitere Leseabenteuer mit verbriefter Fachinformation findest du auf www.cadmos.de

Wenn du mit uns in Verbindung treten oder deine Erfahrungen teilen möchtest, dann tue das bitte unter:

https://www.facebook.com/cadmosverlag

https://www.instagram.com/cadmosverlag

oder per Mail an info@cadmos.de

Wir freuen uns schon jetzt über dein Feedback!

ISBN: 978-3-8404-3057-2. Überarbeitete Neuauflage 2021, unveränderter Nachdruck 2024

Deutsche Nationalbibliothek – CIP-Einheitsaufnahme

Die Deutsche Nationalbibliothek verzeichnet diese Publikation in der Deutschen Nationalbibliografie; detaillierte bibliografische Daten sind im Internet über http://dnb.ddb.de abrufbar.

Viel Freude mit diesem Buch wünscht dir das CADMOS-Team:

Autor: Robert Höck

Covergestaltung, grafisches Konzept, Satz: Gerlinde Gröll, www.gggraphicdesign.at

Lektorat: Ing. Barbara P. Meister MA, FachLektor.at

Korrektorat: Gertrud Döffinger

Fotos am Cover: Shutterstock/yevgeniy11, photomaster, stockphoto mania, dibrova und Shutterstock/cynoclub (Rückseite)
Fotos im Innenteil: Robert Höck
Illustrationen: Shutterstock/tristan tan, Aliaksei_7799

Wir übernehmen Verantwortung:

Dieses Buch wurde anhand ausgewählter Qualitätskriterien ressourcenschonend und schadstofffrei in Cadmos Qualität für dich hergestellt. Das verwendete Papier für Kern und Cover ist FSC©-zertifiziert, der Druck erfolgte CO_2-neutral. Der Inhalt ist auf Magno matt 135 g/m² mit 1,01 Volumen für dich gedruckt, ein matt gestrichenes Bilderdruckpapier, das die Farben leuchten lässt und dem Inhalt einen hochwertigen Charakter verleiht. Das Cover wurde auf Peyvida puro 270 g/m² gedruckt, einem Naturkarton mit ansprechender Optik und Haptik.
Auf Laminierung und Einschweißen in Plastikfolie verzichten wir – für unsere Umwelt und unsere Zukunft.
Gedruckt und gebunden wurde dieses Buch in der EU (wir wollen lange Transportwege vermeiden), bei unserem langjährigen, bewährten Druckpartner GRASPO (www.graspo.com).

FSC® www.fsc.org
MIX
Papier | Fördert gute Waldnutzung
Paper | Supporting responsible forestry
FSC® C010798

Product footprint
CO_2 Neutral
PBN-CFMC-059235
www.preferredbynature.org

Uns ist wichtig:

Gender-Erklärung: Alle Geschlechter sollen sich gleichermaßen wahrgenommen und wertgeschätzt fühlen. Im Sinne eines flüssigen Lesevergnügens verzichten wir jedoch auf die Verwendung von geschlechterspezifischen Sprachformen (m/w/d). Sämtliche Personenbezeichnungen gelten gleichermaßen für alle Geschlechter!

Haftungsausschluss: Wir haben den Inhalt dieses Buches nach bestem Wissen geprüft. Für die Richtigkeit der Angaben und eventuelle Schäden, die aufgrund von Beschlüssen und Handlungen, die anhand der gegebenen Informationen getroffen wurden, wird trotz sorgfältiger Recherche keine Haftung übernommen. Im Zweifelsfall ziehe bitte geschulte Fachleute zu Rate.
Dieses Buch richtet sich ausschließlich an die Hobbyhalter, die Hühnerhaltung im kleinen Stil betreiben wollen. Weniger geeignet ist es für Hühnerhalter des landwirtschaftlichen bzw. kommerziellen Sektors. Auf dem Bildmaterial sind Hühner zu sehen, die im Freien gefüttert und getränkt werden. In einigen Regionen Mitteleuropas ist das Anbieten von Trinkwasser und Futter für Hühner im Freien aber aktuell aus seuchenhygienischen Gründen gesetzlich nur bedingt erlaubt, im Wesentlichen wegen der Vogelgrippe.

Inhalt.

Einleitung: Was sind „Happy Hühner“ und warum gibt es nun ein „Happy Huhn“-Buch 2.0 7

Hühner anschaffen für Anfänger 10

„Happy Mensch“& „Happy Huhn“: Wenn das Glück zwischen Mensch und Huhn vermittelt 15

Welches Huhn passt zu mir? 20

Hühner 3x anders: Drei Zuchtrichtungen von Hühnern, die jeder Hühnerhalter kennen sollte 24

Das Wunder Hühnerei: Warum legen Hühner Eier? 32

Hühner natürlich füttern: Tücken der Hühnerfütterung 34

Der Hühnerstall: Das „Happy-Hühner-Home“ 41

Ein Außengehege für Hühner planen: Was „Outdoor-Hühner“ wollen 48

Mit Hühnern gärtnern: Gartenidyll trifft Hühnerglück 53

Naturbrut versus Kunstbrut: Zwei grundverschiedene Wege der Kükenaufzucht 57

Hähne: Alles über den Champion des Misthaufens 64

Nur gesunde Hühner sind auch glückliche Hühner: Der Gesundheitscheck beim Huhn 70

Hühner mit anderen Haustieren gemeinsam halten 82

Hühner zähmen: So gewinnt man das Vertrauen eines Huhns 88

Inhalt.

Erlesene Hühnerrassen näher vorgestellt

Vorwort zu den Rassen **91**

Altsteirer Hühner – Zurück zum Althergebrachten **92**

Amrocks – Solide Legehühner im Streifenanzug **93**

Antwerpener Bartzwerge – Eine Lieblingsrasse der Kinder **95**

Appenzeller Spitzhauben – Ein Tschüpperli gegen die Kälte **96**

Bayerische Zwerg-Landhühner – Mein Bayerischer Hühnerkrimi **98**

Dorking – Europas älteste Hühnerrasse **100**

Exchequer Leghorn – Gefiederte Schachbretter **102**

Holländische Zwerghühner – Schmucke Showpüppchen **104**

Jersey Giants – Wenn Hühner Basketball spielen würden **105**

Marans – Frankreichs charakterstarker Exportschlager **107**

Orloff – Der toughe Liebling der Selbstversorger **109**

Ostfriesische Möwen – Wenn Hühner schöner sind als Hähne **110**

Sandschak Kräher – Hahnenkampf einmal anders **112**

Schwedische Blumenhühner – Schönheiten aus Skandinavien **114**

Seidenhühner – Immer schön fluffig bleiben! **116**

Steinpiperl – Farbenvielfalt einmal anders **118**

Sulmtaler – Österreichs beliebteste Hühnerrasse **121**

Vorwerkhühner – Ein Klassiker „Made in Germany" in Gefahr **122**

Yokohama – Die vielleicht schönste Hühnerrasse der Welt **124**

Zwerg-Wyandotten – Niedliche „Wuschelpopos" **126**

Danksagung **128**

Robert Höcks
„Happy Huhn"-
YouTUBE-Kanal
finden Sie unter

http://bit.ly/2oMBuFR

Was sind „Happy Hühner" und warum gibt es nun ein „Happy Huhn"-Buch 2.0?

„Happy Hühner", also glückliche Hühner, sind in der heutigen Welt dünn gesät. Der aktuelle Trend, Hühner wieder in Hausgärten zu halten, mag darüber hinwegtäuschen, denn man sieht ja wieder mehr Freilandhühner, aber der Großteil der Population bleibt unseren Augen verborgen. Er befindet sich nämlich in den Hühnerställen der industriellen Lebensmittelproduktion, wo Milliarden Hühner in Rekordzeiten zu Höchstleistungen gezwungen werden. Dafür hat sich das „moderne" Huhn, ob Mast- oder Legehehuhn, den Produktionsabläufen der Industrie kompromisslos unterzuordnen. Alles an seinem kurzen Leben ist Kalkül, schnörkellos und entwürdigend.

Das Durchschnittshuhn ist buchstäblich eine „arme Sau" und vom Mitleid allein hat es nichts. Wir Menschen müssen uns in Zukunft noch mal deutlich intensiver mit dem Thema „Tierwohl bei landwirtschaftlichen Nutztieren" beschäftigen, denn diesbezüglich war früher ausnahmsweise wirklich alles ein bisschen besser. Gegen große Konzerne ist bekanntermaßen schwer anzukommen, darum habe ich mich vor einigen Jahren dafür entschieden, im Kleinen zu kämpfen. Durch konsequentes Vorleben und beharrliche Weitergabe von Schlüsselinformationen. Als ich mir dem anwachsenden Hühnertrend bewusst wurde, startete ich die YouTube-Serie „Happy Huhn", in der sich

Einleitung.

seither alles darum dreht, wie man eigene Hühner tiergerecht halten kann. Mehr als vier Jahre später gibt es über 200 Folgen von „Happy Huhn", und ich habe noch immer nicht das Gefühl, dass mir die Ideen für neue Episoden ausgehen würden. Die Bandbreite umfasst dabei praxisorientierte Themen wie Stallbau, Fütterung, Auslaufgestaltung und Kükenaufzucht ebenso wie Rasseporträts, für die ich zumeist entsprechende, hühnergerecht arbeitende Züchter interviewe.

Die Anfänge mit „Happy Huhn"

waren schwer, weil ich erst einen Abonnentenstamm aufbauen musste, doch dann kamen immer mehr „Happy Huhn"-Fans dazu, und inzwischen sind es richtig viele geworden und das Wortkonstrukt „Happy Huhn" wurde zu einem geflügelten Wort, das sich auch weiterentwickelte. Jetzt ist es unter Hühnerhaltern beinahe normal, dass man von seinen „Happy Hühnern" spricht, seinem „Happy Hühnergarten" oder manchmal sogar von seinen „Happy Küken". Natürlich bin ich stolz auf diese Entwicklung und freue mich über den wachsenden Einfluss meiner Arbeit auf das Denken vieler Hühnerfans. Deswegen jetzt stillzustehen oder mich auf alten Lorbeeren auszuruhen, käme mir aber gewiss nicht in den Sinn. Mein innerer Antrieb zur permanenten Weiterentwicklung ist zweifelsfrei der Hauptgrund dafür, dass Sie jetzt hier auch die zweite und komplett überarbeitete Version meines Hühnerbuch-Beststellers in der Hand halten können.

Die Idee

„Happy Huhn" auch in Buchform zu produzieren, kam mir spontan im Frühsommer 2017, und da ich beim Cadmos-Verlag offene Türen damit einrannte, konnte die erste Version des „Happy Huhn"-Buchs dann auch vergleichsweise rasch, im Frühling 2018, erscheinen. Es zeigte sich bald, dass der Titel zum Erfolg werden würde, denn die ersten Nachdrucke kamen schnell. Es zogen ein paar Jahre ins Land, viele neue „Happy Huhn"-Fans kamen hinzu, aber auch viele neue Folgen auf YouTube. Ich lernte die unterschiedlichsten Charaktere von Hobbyhaltern kennen, knüpfte Kontakte zu Züchtern seltener Hühnerrassen und konnte auch meine private Hühnerhaltung fortlaufend weiterentwickeln, nicht zuletzt durch mehrmalige Umzüge. Eine Chance nach der anderen für mich also, um fortlaufend dazuzulernen. So kam es schließlich, dass ich selbst als Autor immer unzufriedener mit dem „Happy Huhn"-Buch wurde. Natürlich stand ich als Autor immer noch hinter meinen eigenen Aussagen, aber es gab so viel Neues, von dem ich nun auch berichten wollte. Als mir die Chance für eine Überarbeitung des Titels gewährt wurde, habe ich sie also dankend angenommen und sofort „rein in die Tasten gehauen".

Herausgekommen ist dabei mehr als nur eine „überarbeitete Version", wie Sie hoffentlich feststellen werden, falls Sie bereits den Vorgänger kennen. Zwei Kapitel sind beispielsweise rausgeflogen, weil sie sich im Nachhinein als weniger relevant erwiesen als die anderen. So braucht es keine zehnseitige Schilderung meines persönlichen Werdegangs, wenn ich auf diesen zehn Seiten auch genauso gut zusätzliche spannende Hühnerrassen vorstellen kann. Andere Kapitel haben sich zu regelrechten Kernthemen meiner Philosophie gemausert, wie das Kapitel zu den Hybridhühnern oder jenes zur Hühnergesundheit, die nicht rausgeflogen sind, sondern von mir vielmehr noch mal brandneu in Angriff genommen wurden.

Zeitgemäße Informationen

aus der Wissenschaft konnten dadurch ebenso einfließen wie meine aktuellsten persönlichen Erfahrungen. Neu ist auch im hinteren Bereich des Buches, bei den Rasseporträts, dass nun bei jeder Hühnerrasse abschließend angeführt ist, ob ihre Haltung Besonderheiten und Schwierigkeiten mit sich bringt. Neue Fotos finden sich unabhängig vom Grad der Überarbeitung in jedem einzelnen Kapitel, und so hat sich die Bildsprache des Werkes auch merklich verändert. Alles in allem können Sie „Happy Huhn" 2.0 auch als erwachsene Version des „Happy Huhn"-Buchs betrachten. Das ganze Projekt „Happy Huhn" ist parallel mit meiner persönlichen Entwicklung erwachsen geworden. Bevor es mit den „echten Inhalten" losgeht, soll hier nur noch abschließend eine kurze Schilderung dessen folgen, wie die „Happy Hühner" eigentlich ursprünglich in mein Leben kamen.

Robert Höck im Herbst 2020 mit Oma Hilda und Opa Sebastian und im Frühling 1989 an der Hand seiner Oma bei den Küken. Damit wurde ihm vermutlich die Liebe zu Hühnern schon in die Wiege gelegt.

Der Weg zum „Hühnerflüsterer"

Ich, Jahrgang 1988, bin in einem Tiroler Dorf mit der Landwirtschaft aufgewachsen und meine Eltern halten auch heute noch Freilandhühner. Während meiner Kindheit lag die Hühnerhaltung auf dem Bilderbuch-Bauernhof noch in den festen Händen meiner Großeltern und sie bestand damals meistens aus ca. 80 Legehennen sowie zwei Hähnen. Jedes Jahr im Frühling wurden Küken aufgezogen. Eines der ältesten Fotos von mir zeigt mich im Jahr 1989, mit meiner Oma fasziniert inmitten einer Kükenschar sitzend.

Rückblickend ein Schlüsselmoment? Ja, definitiv! Natürlich habe ich als Kind nicht hinterfragt, ob Hühner in ihrer Allgemeinheit glückliche Tiere sind. Ich war ja umgeben von den glücklichsten Hühnern, die man sich nur vorstellen kann. Für mich war es das Normalste der Welt, dass Hühner so sorgsam gehalten werden müssen, wie Oma und Opa es mir vorlebten. Völlig frei durften die Hühner auf dem Bauernhof herumlaufen, und so erstreckte sich ihre Welt vom Waldesrand über die Streuobstwiese bis hin zur Kuhweide. Meine Oma hat das Körnermenü der Hühner auch immer wieder mit Abfällen aus der Küche, Gemüse, Quark und anderem Zusatzfutter ergänzt, sodass ihnen die Kraft zum Eierlegen nicht ausging.

Wenn dann im Herbst doch eines Tages die Mauser kam und die Legeleistung der Gruppe abfiel, wurden die Tiere nicht, wie heute üblich, geschlachtet und gegen „fabrikneue" Junghennen ausgetauscht. Den Vögeln wurde eine Pause gegönnt, in der sie sich erholen konnten und neue Federn nachwuchsen. In ihrer zweiten Legeperiode legten sie dann zwar weniger Eier, aber für eine Daseinsberechtigung reichte es allemal aus.

Auf die ernsten Schattenseiten der landwirtschaftlichen Nutztierhaltung wurde ich erst relativ spät gestoßen, als man mich auf eine Landwirtschaftsschule schickte. Im Unterricht und auf dem Schulbauernhof ging es nur noch um „höher", „schneller" und „weiter". Die vielen neuen Fachbegriffe aus dem Bereich Tierzucht, wie „Embryonentransfer", „Heterosiseffekt", „Gebrauchskreuzung" und „Futterverwertungstabelle", ließen mich stutzig werden und ich fühlte mich schlecht, weil es mir zuwider war, dass meine Ansichten von Fachlehrern zurechtgebogen werden sollten.

Ich hatte schon damals, im Alter von 15 Jahren, die feste Überzeugung, dass das Tierwohl in der Nutztierhaltung immer an erster Stelle stehen muss, und so konnte es natürlich niemandem gelingen, mich von den Vorteilen einer tierverachtenden Nutztierzucht zu überzeugen.

Ich bin heute überaus dankbar für alle meine vielen, unbezahlbaren, positiven Erlebnisse mit dem lieben Federvieh in Kindertagen, denn so kann immer, wenn ich von tiergerechter Hühnerhaltung spreche, eine tief verwurzelte Überzeugung mitschwingen. Danke, Oma und Opa, für dieses Geschenk!

Robert Höck, im Frühjahr 2021

Bild 1: Hühner sind interessante Vögel, die immer für Schabernack zu haben sind und dem Halter nicht langweilig werden, sofern er sie tiergerecht hält. Serama-Henne „Serafine" erkundet hier eine Nisthöhle aus Keramik.

Hühner anschaffen für Anfänger

Siehe Folge 4!

Wenn Sie bereits eine muntere Hühnerschar Ihr Eigen nennen und die üblichen Anfangsschwierigkeiten, die die Hühnerhaltung so mit sich bringt, längst hinter Ihnen liegen, dann werden die nachfolgenden Zeilen für Sie hoffentlich wenig Neues bieten und beim Lesen vielmehr ein Gefühl der Bestätigung erwecken. Für alle anderen, die noch nicht zum Dienst als zweibeinige Futterautomaten, Reinigungskräfte oder wahlweise auch Federviehamateure angetreten sind, habe ich aber nur den Rat, sich das Nachfolgende sehr zu Herzen zu nehmen. Es ist gut möglich, dass sich das hier hinterher als wichtigstes Kapitel für Sie entpuppt.

2

Bild 2: Eine bunte Hühnerschar im eigenen Garten, diesen Traum hegen insbesondere seit der Corona-Krise wieder viele.

Aller Anfang

Sich Hühner anzuschaffen, ist schnell erledigt. Wer spontan ist und dazu neigt, den Sprung ins Ungewisse zu suchen, kann sich von heute auf morgen alles besorgen, was er theoretisch für die Haltung braucht, inklusive der Hühner selbst. Zu dieser überstürzten Vorgehensweise passen dann Gedankengänge wie: „Was ich im Baumarkt nicht bekomme, hat sicher der Zoohändler", „Ich google mal, welche Hühner hier in der Nähe verkauft werden, denn die Rasse ist doch eh egal", „Die Hühner müssen sofort her, denn sonst zahlt sich das heuer gar nicht mehr aus!" Oder ebenfalls ein Klassiker: „Bestimmt haben die Nachbarn nichts gegen einen Hahn einzuwenden, denn der kräht nur einmal kurz, wenn es schon hell ist."

Eines vorweg: Wenn Sie so oder auch nur annähernd so denken, lassen Sie das mit den Hühnern bitte gleich wieder sein. Hühner mögen vergleichsweise anspruchslose Nutztiere sein, die sowohl in den Gettos und Elendsvierteln dieser Welt als auch in den geschniegelten Vorgärten eines Villenviertels gedeihen, aber das impliziert nicht, dass man als Halter unbedacht und sorglos an die Thematik ihrer Haltung herangehen sollte. Hühnerhaltung im 21. Jahrhundert bedeutet, zumindest hierzulande, dass man sich als Halter der Verantwortung gegenüber dem Tier stets bewusst ist.

Fragen über Fragen

Damit das Glück auch Ihre Hühner findet, möchte ich Ihnen im Nachfolgenden zehn Fragen stellen. Mit ziemlicher Sicherheit werden Ihnen diese dabei helfen können, bereits im Vorfeld bedachte Entscheidungen zu treffen:

1. Bin ich als Hühnerhalter geeignet?
Hühnerhaltung erfordert täglichen Zeitaufwand, verlangt gerade anfangs auch einiges an Geduld ab, und ein gewisses Gespür im Umgang mit Tieren sollte zudem ebenfalls vonseiten des Halters gegeben sein. Wer einen stressigen und unvorhersehbaren Alltag hat, wird ohne die Hilfe von Familienmitgliedern, Nachbarn oder Freunden schnell überfordert sein.

2. Kann ich mir die Hühnerhaltung auf Dauer leisten?
Obgleich die Hühnerhaltung kein sehr teures Hobby sein muss, so verursacht sie doch laufend Kosten. In den meisten Fällen ist der Geldaufwand im Winter am höchsten, weil die Tiere zu dieser Jahreszeit kaum Fressbares im Freigelände finden und man daher deutlich mehr Futter benötigt. Auch Heizkosten, Tierarztbesuche oder Unwetterschäden können eine Kostenkalkulation ganz schön durcheinanderbringen!

3. Habe ich genug Platz für Hühner?
Ein tiergerechter Hühnerstall ist auch dann noch groß genug, wenn die Tiere einmal nicht hinaus ins Freie können, weil beispielsweise die Witterung es nicht zulässt oder eine behördliche Stallpflicht verhängt wurde. Auch das Freigehege sollte von Vornherein möglichst großzügig angelegt werden, denn Hühner sind wahre Meister darin, eine kleine Fläche innerhalb weniger Tage zu „verwüsten".

4. Stimmen die gesetzlichen Voraussetzungen für meine künftige Hühnerhaltung?
Nicht selten sind Gärten rundherum so zugebaut, dass es kaum möglich ist, darin Hühner zu halten, ohne dass die Nachbarschaft sogleich mit einem gewissen Geräuschpegel konfrontiert wird. Auch wegen einer Klage auf „Geruchsbelästigung" fand schon so manche Hühnerhaltung ein schnelles Ende. In einigen Fällen erlaubt eine Gemeinde oder Stadt von Vornherein keine Nutztierhaltung in stark besiedelten Bereichen. Wer vorher gründlich recherchiert, hat hinterher weniger Ärger. Unabhängig von lokalen Vorschriften gilt für alle nicht landwirtschaftlichen Hühnerbestände eine Meldepflicht, und meistens ist zusätzlich eine Registrierung bei der Tierseuchenkasse notwendig.

Bild 3: Damit die Wiese so schön grün bleiben kann, muss man der Hühnerschar von vornherein genügend Platz zusprechen.

Bild 4: So unterschiedlich können Hühnerrassen sein, denn hier ist die kleinste Hühnerrasse der Welt, das Serama, gemeinsam mit einer der größten, dem Jersey Giant zu sehen.

Bild 5: Nicht alle Hunde bleiben so gelassen, wenn neugierige Hühner um sie herumwuseln.

Bild 6: Erfahrung mit Tieren ist sicherlich von Vorteil, wenn man sich Hühner anschafft. Ein gewisses Gespür kommt bei geduldigen Menschen aber meist schnell von allein.

Bild 7: Diese Junghähne blicken in eine ungewisse Zukunft. Meistens hat man bei den Nachzuchten einen Hahnenüberschuss.

5. Ist mein Garten hühnertauglich?

Wer vorhat, seine Hühner frei im Garten herumlaufen zu lassen, muss sichergehen, dass dieser auch ein sicherer Ort für die Hühner ist. Gefahrenquellen bieten sich im Garten nämlich viele. Zu Zwischenfällen kommt es etwa häufig durch ungeeignete Umzäunungen, offene Swimmingpools, Giftpflanzen oder unsachgemäß gelagerte Dünge- und Pflanzenschutzmittel.

6. Sind bereits andere Haustiere da, die möglicherweise Probleme bereiten können?

In der Regel sind Hühner sehr friedliebende Tiere, die an anderen Tierarten nur wenig Interesse zeigen. Sie kümmern sich um ihre eigenen Angelegenheiten und vertragen sich im Freilauf sowohl mit anderem Geflügel als auch mit größeren Nutztieren wie Schafen, Ziegen oder Eseln überraschend gut. Probleme bereitet eher die Tatsache, dass Hühner oft von unseren domestizierten Raubtieren als „jagdbares Wild" eingestuft werden. An erster Stelle können da Hunde gefährlich werden, aber auch Katzen sehen in halbwüchsigen Küken oder 500-Gramm-Zwerghühnern nicht selten eine willkommene Gelegenheit, ihren Jagdtrieb auszuleben.

7. Welche Rasse eignet sich für mich?

Es ist leicht, sich ein paar Hybridhühner in verschiedenen Farben bei einem Geflügelhändler in der Nähe zu besorgen, aber viel nachhaltiger und interessanter ist die Anschaffung von echten Rassetieren. Die Rassevielfalt ist für Anfänger zwar unüberschaubar groß, bietet aber gerade dadurch zahlreiche Vorteile, denn sie macht es erst möglich, dass man genau jene Hühner bekommt, die auch zu einem passen.

Es gibt ruhige, friedliche Rassen, die schnell zahm werden und nicht fliegen können, Rassen, die besonders zuverlässige Eierproduzenten sind, und dann auch solche, die mit optischen Merkmalen punkten und dem künftigen Hühnerhalter schlichtweg wegen ihrer Schönheit zusagen.

Für Selbstversorger ist wohl die Liste der betont wirtschaftlichen Zweinutzungsrassen interessant, und Stadtleute mit wenig Raum können aus einer ganzen Reihe von Zwergrassen auswählen.

Bild 8: Das Kamerunschaf teilt sich sogar ganz entspannt seinen Ruheplatz mit den Hühnern.

Bild 9: Der Größenunterschied zwischen dem Jersey Giant- und dem Serama-Hahn ist enorm.

Bild 10: Krähende Hähne sorgen in Wohngegenden immer wieder für Ärger.

8. Möchte ich die künftigen Hühner nur halten oder auch vermehren und züchten?

Es ist ein großer Unterschied, ob man nur ein paar Hühner halten möchte, um den Eigenbedarf an Eiern zu decken, oder ob man gezielt züchten möchte mit Hahn, Küken und allem Drum und Dran. Entscheidet man sich für Ersteres, kann man sich im Grunde genommen eine bunte Hühnerschar aus den verschiedensten Rassen zusammenstellen und braucht in der Regel nur einen Stall und ein Freigehege. Entscheidet man sich für die Rassezucht, muss man sich für eine oder ein paar wenige Rassen entscheiden, alles von Anfang an professioneller planen und vor allem auch, was den Platz anbelangt, in größerem Maßstab denken. Sind erst mal Küken da, ist es meist zu spät, um anzubauen.

9. Woher bekomme ich die gewünschte Rasse?

Hat man sich erst mal für eine bestimmte Hühnerrasse entschieden oder die Auswahl zumindest ein bisschen eingeengt, stellt sich die Frage, woher man die gewünschten Tiere bekommt. Nicht immer findet sich ein Züchter in der Nähe, und in manchen Fällen ist es nur möglich, befruchtete Bruteier von einer seltenen Rasse zu bekommen anstelle von Nachzuchten. Gerade die Rassen, die sehr schwierig „aufzutreiben" sind, sind aber häufig besonders in ihrem Bestand gefährdet und hätten es darum nötig, weitere Verbreitung zu finden.

Als sehr hilfreich erweist sich hier fast immer der Kontakt zu einem regionalen Geflügelzuchtverein. Hier lernt man nicht nur Züchter in der Nähe kennen, sondern hat häufig auch die Möglichkeit, über die gut vernetzten Kontakte der Mitglieder an seltenere Tiere heranzukommen.

10. Wohin mit überzähligen oder alten Tieren?

Wer Hühner vermehrt, sei es zwecks Rassezucht oder auch nur deshalb, weil er mal eine Glucke mit Küken haben möchte, muss immer bedenken, dass Küken schnell groß werden und das Platzangebot dann irgendwann mal ausgeschöpft sein wird. Etwa die Hälfte des Nachwuchses wird zudem aus Hähnen bestehen, und die sind erstaunlich schwer an neue Halter zu vermitteln.

Wohin also mit überzähligen Tieren? Nicht jeder traut es sich zu, ein Huhn selbst zu schlachten, und es ist ein absolutes No-Go, die Tiere nachts in einem Maisfeld oder gar im Wald auszusetzen. Wer sich dieser zusätzlichen Verantwortung nicht gewachsen sieht, sollte von der Vermehrung seiner Hühner absehen.

Im Übrigen können einzelne Hühner schon mal 15 Jahre alt werden, im Extremfall sogar 20 Jahre, legen aber nur in den ersten Jahren ihres Lebens regelmäßig.

Die hohe Lebenserwartung ist den wenigsten Hobbyhaltern schon vorab bewusst.

„Happy Mensch" & „Happy Huhn"

Bild 1: Züchterstolz für die ganze Familie: Die drei Hühnerrassen Seidenhuhn, Marans und Amrock sorgen dafür, dass jedes Familienmitglied eine passende Hühnerrasse für sich hat.

Wenn das Glück zwischen Mensch und Huhn vermittelt

Tierhaltung macht glücklich. Das beweisen längst zahlreiche Studien. Aber welcher Hühnerhalter braucht schon Studien, wenn er an sich selbst feststellen kann, dass ihn das Leben mit dem Federvieh auf positive Art und Weise verändert? Mit Hühnern hat man laufend Erfolgsmomente, und nicht selten wird durch die Hühner das ganze Denken und Sein auf das Hier und Jetzt komprimiert, sodass sich von selbst eine angenehme Wohlfühlatmosphäre einschleicht. Beispiele gefällig? Wie wäre es mit dem Moment der Freude, wenn junge Hühner ihr erstes Ei ablegen und man es stolz einem Nachbarn präsentiert, als wäre es ein wertvoller Edelstein? Der Moment, wenn man den Gemüsegarten umgräbt und plötzlich das ängstliche, schwarz gescheckte Huhn direkt neben einem steht und erwartungsvoll gackert, weil es darauf hofft, dass man mit der Schaufel einen Regenwurm ans Tageslicht befördert? Oder auch der Moment, wenn alle Hühner schon zum Tor des Freigeheges gelaufen kommen, um einen lautstark zu begrüßen, obwohl man nur zehn Meter entfernt ein paar Äpfel vom Baum pflücken wollte. Selbstverständlich geht man dann doch zuerst zu den Hühnern hin und wirft ihnen ein paar knackige Löwenzahnblätter über den Zaun oder lässt sie hinaus, damit sie einen auf dem Weg zum Apfelbaum begleiten können. Besonders schwer zu übertreffen ist die Freude, die sich jedes Mal aufs Neue breitmacht, wenn Küken schlüpfen. Wenn diese dann auch noch in Naturbrut mit der Glucke aufwachsen dürfen, können beim Beobachten des Familienglücks schon mal Stunden wie Minuten vergehen. Glückliche Hühner haben die Fähigkeit, ihren Haltern ungemein viel an Freude zurückzugeben. Aber woran erkennt man, ob ein Huhn „glücklich" ist, und was heißt „tiergerecht"?

Ein beschäftigtes Huhn ist ein zufriedenes Huhn

Um Tierglück zu messen, wird heute gern der Vergleich aus der Natur herangezogen. Wenn ein Tier in Gefangenschaft in etwa das tun kann, was es auch in der Natur den lieben langen Tag machen würde, gilt das als tiergerecht. Wildhühner leben häufig in halb offenen Wäldern und sind eindeutig Tiere des Unterholzes. Sie haben viele Raubfeinde und halten sich daher überwiegend in der schützenden Deckung von Sträuchern und Bäumen auf. Den Großteil des Tages verbringen sie mit der Futtersuche. Sie scharren in der obersten Bodenschicht nach Würmern, Insektenlarven, Samenkörnern und zupfen hier ein Blatt ab, dort einen Grashalm. Dazwischen legen sie immer wieder Ruhephasen ein und suchen sich dafür bevorzugt ein erhöhtes Plätzchen, das in den meisten Fällen ein versteckter Ast zwischen dichtem Gebüsch sein wird. In der Nacht sind Wildhühner nicht aktiv, weil sie im Dunkeln kaum etwas sehen können. Für das Glück unserer domestizierten Haushühner kann man daraus zwei Dinge schließen: Wenn Hühner wach sind, wollen sie die meiste Zeit über beschäftigt sein, vorzugsweise mit Scharren und der Futtersuche. Wenn Hühner sich ausruhen wollen oder sich für die Nacht bereit machen, brauchen sie dafür ein Plätzchen, das aus ihrer Sicht möglichst sicher ist. Ich denke, dass allein diese beiden Dinge für das Wohlbefinden eines Huhns so essenziell sind, dass sie quasi schon die halbe Miete auf dem Weg zu glücklichen Hühnern sind. Daher im Folgenden eine nähere Erklärung dieser beiden Punkte.

Scharren – den lieben langen Tag

Ich will gar nicht daran denken, wie schlimm es für Hühner in Käfighaltung sein muss, auf Drahtgitterböden zu leben, und das auch noch vom Kükenalter an bis hin zu ihrem letzten Tag. Nie spüren sie den lockeren, mit halb verrottetem Falllaub durchmischten Boden unter ihren Krallen, wie er sich unter nahezu jedem Laubgehölz findet. Nie können sie an einer trockenen Stelle ein Staubbad nehmen, um sich den Schmutz hinterher mit kräftigem Geschüttel wieder aus dem Gefieder zu katapultieren. Nie können sie mit ihrem Scharrtrieb die Einstreu im Hühnerstall so gründlich umkrempeln, dass am Ende

Bilder 2 und 3: Beschäftigte Hühner sind glückliche Hühner. Eine schnell umsetzbare Idee für zwischendurch: Grünfutter, Heilkräuter und Kolbenhirse an eine Schnur knüpfen und quer durch den Hühnerauslauf spannen. Das lädt zum stundenlangen Bepicken ein.

Bild 4: Falllaub, das im Herbst zusammengerecht wurde, animiert die Hühner zum Scharren.

Bild 5: Ein lockerer Strohballen, in dessen Ritzen Sonnenblumenkerne gestreut wurden, beschäftigt diese Vorwerkhühner stundenlang.

Bild 6: Diese glücklichen Hühner sind völlig entspannt und können sich ausgiebig der Gefiederpflege hingeben, während der Holländische Haubenhahn Wache hält.

Bild 7: Auch im Außenbereich freuen sich Hühner über geschützte Ruhezonen, die sich zwischen Gehölzen befinden können.

kein Strohhalm mehr auf dem anderen liegt. Scharren ist für Hühner mehr als nur eine willkürliche Entscheidung. Diese Art, nach Nahrung zu suchen, ist so verwurzelt mit dem ganzen Wesen des Huhns, dass die Unterbindung dieses Verhaltens fast zwangsläufig zu Störungen führen muss. Ähnlich verhält es sich mit der Verwehrung des täglichen Sandbads. Das Sandbad dient der Gefiederpflege und säubert das Tier zudem von lästigen Parasiten. Darum haben Hühner einen natürlichen Drang, jeden Tag so ein Bad zu nehmen, und dementsprechend schlecht ist der Gefiederzustand, wenn es ihnen zeitlebens verwehrt bleibt. Um Hühner, die sich frei auf einem großen, gut bepflanzten Gelände bewegen dürfen, braucht man sich in den meisten Fällen keine Sorgen zu machen. Sie finden genug Beschäftigungsmöglichkeiten solcher Art, um einen Tag auszufüllen. Was aber tun, wenn man nur ein begrenztes Gehege für das Geflügel zur Verfügung hat? Irgendwann ist der Boden so platt getrampelt, dass er nicht mehr zum Scharren taugt, und alles erreichbare Grünzeug ist abgezupft. Hier hilft beispielsweise regelmäßiges Umstechen. Einfach abwechselnd mal die eine Ecke, mal die andere Ecke des Auslaufs mit dem Spaten umgraben, das ermöglicht den Hühnern, wieder in lockerem Erdreich zu buddeln. Für das Sandbad ist eine überdachte Sandkiste ideal, die man mit feinem Kinderspielsand oder einem Gemisch aus Sand, gesiebter Erde und Urgesteinsmehl auffüllt. So bleibt das Ganze auch bei Regenwetter trocken. Eine ungemein große Freude kann man Gehegehühnern im Herbst auch machen, indem man ihnen zwischendurch mal einen Haufen Falllaub über den Zaun wirft. Der wird dann gründlich „zerpflückt", und man würde gar nicht glauben, was die Hühner darin alles an scheinbar Fressbarem finden.

Ruhezonen aus Sicht der Hühner

Wer Sitzstangen in verschiedenen Höhen im Stall angebracht hat, wird feststellen, dass die besonders mobilen und lebhaften Hühnerrassen, wie Altsteirer, Italiener, Friesenhühner oder beispielsweise auch Appenzeller Spitzhaubenhühner, fast immer die höchstgelegene Stange aufsuchen

werden. Sie quetschen sich sogar dann auf solche Sitzgelegenheiten, wenn nur noch wenig Freiraum zur Stalldecke hinauf vorhanden ist. Instinktiv empfinden sie den Platz als den sichersten im Stall und handeln dementsprechend. Steinpiperl, die österreichischen Zwerghühner, lebten traditionell oft halbwild auf den Bauernhöfen im Osten Österreichs und gingen zahlreichen Erfahrungsberichten zufolge abends auch nur ungern mit den anderen Hühnerrassen in den Hühnerstall zum Schlafen. Lieber suchten sie sich stattdessen entweder den höchstgelegenen Balken in der Scheune als Schlafplatz aus, oder aber sie baumten gar im Freien auf. „Aufbaumen" nennt man es, wenn Hühner in einen Baum hineinfliegen, um dort zu schlafen.

Schwere, träge Hühnerrassen, wie Brahma, Cochin oder auch Mechelner, können hohe Sitzstangen wegen ihres schlechten Flugvermögens und ihres ungünstigen Schwerpunkts häufig nicht erreichen – falls doch, kann es schon mal sein, dass sie sich anschließend nicht mehr hinuntertrauen. Für sie sollte man unbedingt einige bodennahe und zudem etwas breitere Sitzstangen montieren. Nicht selten verbringen solche Rassen die Nacht aber ohnehin lieber an einem geschützten ebenerdigen Plätzchen, wie beispielsweise einem bodennahen Legenest. Wir haben es hier also anscheinend mit den verschiedensten Verhaltensweisen zu tun, aber letztlich sind diese nur rassebedingt und jedes Huhn sucht einfach nur Schutz für die Nacht.

Was für die nächtliche Schlafgelegenheit im Stall gilt, gilt grob auch für die Ruhezonen, die die Hühner tagsüber im Freilauf aufsuchen wollen. Am liebsten suchen Haushühner, wie ihre wilden Vorfahren, für ihre kleine Pause zwischendurch den Schutz von Gehölzen auf. Eine Sitzstange, zwischen zwei Sträuchern montiert, hat daher besonders viel Potenzial, ihr Lieblingsplatz zu werden.

Glückliche Hühner erkennen

Sind die Hühner mit Scharren, Sandbaden und Futtersuche beschäftigt und haben von uns einen „Lebensraum" bekommen, in dem sie sich sicher fühlen, ist das schon unglaublich viel wert. Damit ein „Happy Huhn" dauerhaft happy bleibt, spielen noch viele kleinere Faktoren eine Rolle, wie die Gruppenzusammensetzung, Größe und Einrichtung des Stalls, die Qualität des Freigeheges, ein guter Gesundheitszustand und, nicht zuletzt, auch wie der Halter mit seinen Tieren umgeht. Das alles sind Themen, die im Lauf des Buches von mir in anderen Zusammenhängen aufgegriffen werden. Hier soll es jetzt noch darum gehen, wie man glückliche Hühner erkennen kann. Vögel haben nicht die Möglichkeit, wie wir Menschen oder beispielsweise auch Hunde, ihre Stimmung mithilfe facettenreicher Gesichtsausdrücke deutlich zu machen. Ihre Mimik wirkt auf uns eher maskenhaft und es braucht daher anfangs etwas Übung, bis man ihr Befinden einschätzen kann. Am meisten Aufschluss über ihr Wohlbefinden kann uns das Verhalten in Kombination mit Lauten geben.

Die Hühnersprache

Hühner haben, wie die meisten Vögel, ein erstaunlich umfangreiches Repertoire an Lauten für die Kommunikation zur Verfügung. Erfahrene Halter können anhand des Gackerns sofort sagen, in welcher Stimmung sich ihre Tiere gerade befinden. Vom ruhigen, lang gezogenen Gackern, das einem Huhn entfährt, wenn es sich gerade genüsslich im Sandbad aus-

Bilder 8 und 9: In den ersten Lebenswochen ist für die Küken insbesondere die Kommunikation über Laute von großer Bedeutung. Sie rufen zum Beispiel lautstark nach ihrer Glucke, wenn diese aus ihrem Blickfeld verschwindet.

Bilder 10 und 11: Vom Lockruf bis zum Warnlaut sind inzwischen mehr als 20 verschiedene Lautäußerungen als Teil der Hühnersprache wissenschaftlich belegt.

Rassen im Portait: 8 Yokohama-Küken, 9 Seidenhuhn-Küken, 10 Ostfriesische Zwerg-Möwe und 11 Steinpiperl

streckt, über das minutenlange aufgeregte Gegackere nach der Eiablage bis hin zu den kurz gezogenen schrillen Warnlauten, die ein aufmerksames Huhn ausstößt, wenn sich ein Raubvogel am Himmel zeigt, ist alles Mögliche dabei. Manche Laute bekommt man als Halter nur unter bestimmten Umständen zu hören, so gibt etwa eine Glucke während ihrer Mutterschaft spezielle Töne von sich, die nur dazu dienen, das Verhalten ihrer Kinderschar zu steuern. Es gibt einen Laut, der den Sprösslingen signalisiert, dass sie Futter entdeckt hat, aber auch beispielsweise einen, der Gefahr signalisiert und die Kleinen dazu bringt, sich umgehend unter ihre schützenden Flügel zu begeben. Hühnerhalter, die einen Hahn besitzen, werden eine ungleich höhere Vielfalt an Lautäußerungen bei ihren Tieren bemerken können als solche, die ihre Hennen ohne Hahn halten. Hähne kommunizieren fast ständig mit ihren Damen, warnen sie, rufen sie zum Futter oder schelten sie bei Ungehorsam. Sie erinnern dabei sogar ein bisschen an die Glucke mit ihrer Kükenschar. Umgekehrt konnte ich bei meinen eigenen Hühnern aber auch schon beobachten, dass die ranghöchste Henne den Hahn mit einem speziellen Gackerton herbeirufen kann.

So richtig aufschlussreich würde die Hühnersprache für den Halter erst dann, wenn er all die unterschiedlichen Lautsignale in Kombination mit der Körpersprache des Tiers richtig zuordnen kann.

Ein sonnenbadendes Huhn gackert tief und lang gezogen und streckt sich dabei flach auf dem Boden aus, wie man es sonst nur von Katzen so kennt, die als Meister im „Chillen“ gelten. So ein Sonnenbadehuhn wirkt in dem Moment rundum zufrieden und tiefenentspannt, und wer würde daran zweifeln, dass es glücklich ist? Solche Beispiele könnte ich viele nennen, aber ich denke, Sie haben bereits verstanden, worauf ich hinausmöchte. Hühner können definitiv Freude an ihrem Leben haben oder eben auch nicht. Es liegt in unserer Hand, denn wir Halter tragen die Verantwortung für unsere Tiere.

Die Hühnertherapie

Glückliche Hühner zu halten ist auch für den Halter ein Vergnügen, sofern dieser ein mitfühlender und begeisterungsfähiger Charakter ist und offen für die Bedürfnisse seiner Mitlebewesen. Ich nehme an, dass Sie so jemand sind, denn Sie haben sich von meinem Buch angesprochen gefühlt. Zeit mit Hühnern zu verbringen und sie zu beobachten macht Spaß, erdet nach einem stressigen Tag und kann dabei erstaunlich kurzweilig sein. Man muss aber nicht selbst Hühner halten, um solche Glücksmomente zu erfahren. Ein gutes Beispiel hierfür sind die Therapiehühner, die an verschiedenen Orten auf der Welt regelmäßig zum Einsatz kommen. Besonders für Furore gesorgt hat ein Video aus Australien, das Hühner zeigt, die in einem Altenheim erfolgreich als gefiederte Therapeuten im Kampf gegen die Auswirkungen der Demenz eingesetzt werden. Demenz lässt sich zwar nicht heilen, aber erste Studien belegen bereits, dass der regelmäßige Besuch von Hühnern sich ebenso positiv auf die Heimbewohner auswirkt, wie es auch von Katzen und Hunden bekannt ist. Unvergessen ist für mich die Szene, in der es sich eine Henne im Ablagekorb eines Rollators gemütlich gemacht hatte und sich ganz relaxt von einem betagten Herrn durch die Flure des Wohnheims schieben ließ. „Sie macht das bei jeder Hühnertherapiestunde so“, weiß der Mann freudig im Interview dazu zu berichten. Wie sagte einst Theodor Fontane: „Uns gehört nur die Stunde. Und eine Stunde ist, wenn sie glücklich ist, viel.“

Die Fotos zeigen Menschen mit den jeweiligen Hühnerrassen die sie mit Begeisterung züchten. Bilder 1 bis 8 zeigen die Rassen: 1 Yokohama, 2 Seidenhühner, 3 Steinpiperl, 4 Appenzeller Barthuhn, 5 Exchequer, 6 Sulmtaler, 7 Sandschak Kräher und 8 Serama

Welches Huhn passt zu mir ?

Siehe Folgen 3, 6 und 69!

Die Rassevielfalt des Haushuhns ist beeindruckend breit gefächert und sie übertrifft womöglich sogar noch jene des Hundes, der üblicherweise immer als Beispiel für die mannigfaltigen Wege der Tierzucht angeführt wird. Weltweit hat man es, grob geschätzt, mit 2500 verschiedenen Hühnerrassen und Landschlägen zu tun. Viele davon sind nur in einem kleinen Verbreitungsgebiet von Bedeutung, andere werden in vielen Ländern rund um den Globus gezüchtet. Für Neueinsteiger, auf der Suche nach der idealen Hühnerrasse für den eigenen Stall, ist es erfahrungsgemäß kaum möglich, sich in kurzer Zeit einen Überblick zu verschaffen. Zu vielfältig sind die Möglichkeiten, zu groß die Verlockungen, ein Huhn rein nach seinem Äußeren auszuwählen.

Das Bewusstsein dafür, dass die verschiedenen Rassen jeweils ihre charakterlichen Eigenheiten haben, ist vielleicht die wichtigste Grundvoraussetzung, um mit einer bestimmten Entscheidungen glücklich zu werden.

Wer ein Huhn sucht, das viel legt, nicht fliegt, schnell zahm wird, nicht im Garten scharrt, nie krank ist und dabei auch noch schön aussieht, wird schnell enttäuscht sein, denn eine derart hohe Erwartungshaltung kann von keiner Hühnerrasse der Welt erfüllt werden. Schon allein die beiden Kriterien „viel legen" und „nie krank" schließen sich gegenseitig aus, denn je mehr eine Rasse legt, umso eher kommt es zu Beschwerden des Legeapparats und zu Mangelerscheinungen. Gerade in der tiergerechten Hühnerhaltung sollte es sich doch vorwiegend darum drehen, was wir als Halter für die Hühner tun können, und nicht darum, eine To-do-Liste für die Hühner auszuarbeiten, der diese dann gerecht werden müssen. Nun aber zurück zur Rassevielfalt. Viele Hühnerhalter entwickeln im ersten Jahr fast schon so etwas wie einen „Sammelwahn" an verschiedenen Hühnerrassen und haben letztlich kunterbunte Truppen, die zwar schön anzusehen sind, sich aber erfahrungsgemäß in den Folgejahren wieder erheblich ausdünnen. Mit der Zeit wird man nämlich manche Rassen bevorzugen, weil sie besonders gut zu einem passen.

Auch wenn Schubladendenken nicht immer richtig ist, so möchte ich im Nachfolgenden doch bewusst einige Rassen in spezielle Kategorien

3

4

6

5

7

8

einteilen und Ihnen so dabei helfen, das Huhn zu finden, das zu Ihnen passt. Neben den üblichen in Hühnerbüchern vorkommenden Einteilungen habe ich mir zudem noch ein paar zusätzliche überlegt, die dem modernen Zeitgeist entsprechen. Einigen Sie sich bei der Rassewahl auf eine oder zwei Eigenschaften, die Ihnen besonders wichtig sind, anstelle darauf zu hoffen, dass Sie eine stubenreine, nicht fliegende, fleischbetonte, bildschöne, handzahme Legemaschine als Gesamtpaket finden werden.

Siehe Folge 69!

Welsumer Henne

Cream-Legbar-Henne

Exchequer-Leghorn-Huhn

Vorwerk-Hahn

Legerassen,

für den Fall, dass Ihnen viele und große Eier am wichtigsten sind:

Amrock, Australorp, Barnevelder, Bielefelder Kennhuhn, Cream Legbar, Exchequer Leghorn, Italiener, Marans, Welsumer, Vorwerk

Holländer Hauben-Hahn

Onagadori-Hahn

Seidenhuhn-Hahn

Appenzeller Spitzhaubenhuhn

Zierrassen,

für den Fall, dass Ihnen optische Perfektion und Ausstellungsqualitäten am wichtigsten sind:

Appenzeller Spitzhauben, Ayam Cemani, Hamburger, Holländer Haubenhühner, Lakenfelder, Paduaner, Phönix, Seidenhühner, Sumatra, Yokohama

Mechelner Hahn

Jersey-Giant-Hahn

Sundheimer Hahn

Sulmtaler Henne

Selbst- versorgerrassen,

für alle, die ein Zweinutzungshuhn wollen, das sich gut mästen lässt, aber auch respektabel legt:

Deutsches Lachshuhn, Deutsche Langschan, Jersey Giant, La Fleche, Mechelner, Niederrheiner, Orpington, Sundheimer, Sulmtaler, Sussex

Zwerg-Sulmtaler Henne

Miniaturrassen,

wenn Sie Hühner suchen, die sich auch in kleinen Gärten halten lassen:

Antwerpener Bartzwerge, Bantam (Rosenkämme), Holländische Zwerghühner, Chabo, Federfüßige Zwerghühner, Ohiki, Sebright, Serama, Zwerg-Friesenhühner, Zwerg-Sulmtaler

Holländischer Zwerghahn

Serama-Henne

Sebright-Hahn

Rosenkämmiger Bantam-Hahn

Alte und zugleich stark gefährdete Rassen,

für den Fall, dass Ihnen Erhaltungszucht am Herzen liegt:

Andalusier, Altsteirer, Augsburger, Brakel, Bergische Kräher, Krüper, Ramelsloher, Sachsenhühner, Steinpiperl, Westfälische Totleger

Augsburger Henne

Altsteirer Henne

Ramelsloher Hahn

Westfälische Totleger-Henne

Orloff-Hahn

Zutrauliche und friedliche Rassen,

für den Fall, dass Ihnen zahme Hühner am wichtigsten sind:

Brahma, Or off, Orpington, New Hampshire, Indische Kämpfer, Sandschak Kräher, Schwedische Blumenhühner, Wyandotten, Zwerg-Cochin, Zwerg-Seidenhühner

Wyandotte-Henne

Sandschak-Kräher-Henne

Zwerg-Cochin-Henne

Hühner 3 x anders

Drei Zuchtrichtungen von Hühnern, die jeder Hühnerhalter kennen sollte

Siehe Folge 21 und Folge 22!

Die Welt der domestizierten Haushühner wird inzwischen von drei sehr verschiedenen Gruppen bzw. Zuchtrichtungen von Hühnern geprägt, deren Anteil in der Gesamtpopulation der Spezies Huhn sich auffallend unverhältnismäßig verteilt. Ich möchte Ihnen in diesem Kapitel alle drei Gruppen näher vorstellen und lasse mich dabei vielleicht an der einen oder anderen Stelle emotional ein bisschen mitreißen. Der in diesem Kapitel eher kritische Grundton rührt daher, dass ich dieses Thema für sehr wichtig halte, und womöglich werden Sie gleich selbst feststellen, dass es schwer ist, hier nicht Partei zu ergreifen. Es geht um den Sinn der Hühnerhaltung schlechthin und vielleicht auch um die Frage: „Dürfen wir Menschen das, was wir mit den Hühnern aktuell machen, wirklich tun?" Die Frage nach dem „Zuviel" und „Zuweit" ist schwer zu beantworten, aber eine Meinung habe ich als „Happy-Huhn-Robert" zu allen Facetten dieser schwer verdaulichen Thematik in jedem Fall und ich möchte sie nicht für mich behalten. Am besten stelle ich Ihnen zuallererst mal die drei Hühnergruppen vor, mit denen Hühnerhalter sich heute weltweit konfrontiert sehen.

Bild 1: Während der Sebright-Hahn im Vordergrund wohl der Inbegriff einer Ausstellungsrasse ist, darf die braune Legehenne hinter ihm als typische Vertreterin der landwirtschaftlichen Gebrauchskreuzungen angesehen werden.

Bild 2: Moderne Masthähnchen wachsen inzwischen so schnell, dass sie die Schlachtreife bereits im Alter von wenigen Wochen erreichen, wenn sie eigentlich noch Küken sind. Diese Tiere gehören zu einer etwas langsamer wachsenden Biolinie.

Bild 3: So sehen viele Wiesen aus, auf denen Freilandeier produziert werden: Hunderte brauner Legehybriden erwecken den Eindruck einer Massentierhaltung unter freiem Himmel.

Gruppe 1: Kommerzielle Hochleistungshühner unserer Zeit

Die wichtigste Gruppe in der Welt der Hühnerzucht ist mit Tierzahlen, die in die Milliarden gehen, jene der kommerziellen Gebrauchskreuzungen bzw. Hybridhühner. Dazu zählen hauptsächlich die extrem einseitig selektierten Legehybriden sowie die Turbomasthühner, die den Weltmarkt mit Eiern und Fleisch zu Billigpreisen „versorgen“. Die meisten dieser armseligen Vögel müssen dafür ein geradezu erdrückend jämmerliches Dasein in den Fabrikställen der Lebensmittel-Produktionsgiganten fristen, ungesehen und ungehört, und dadurch zumeist auch unbetrauert.

Die schlimmste Erkenntnis in puncto Hybridhühner war für mich jene, dass viele Hybridrassen durch ihre Zuchtrichtung (dazu mehr etwas später in diesem Kapitel) schon von vornherein nicht mehr für ein glückliches Hühnerdasein geeignet sind. Was nützt der grüne Auslauf dem Masthuhn, wenn es vor lauter Übergewicht nicht mehr laufen kann? Was hat die ausgemergelte Legehybride von einem Platz auf Lebenszeit, wenn sie keine Chancen hat, ihre erste Legeperiode zu überleben wegen „Berufskrankheiten“ wie Legenot und Kloakenvorfall.

Viel zu oft sind Hybridhühner keine „Happy Hühner“, und dennoch regiert die Hybridzucht ganz klar die Hühnerwelt. Nachhaltige Hühner finden sich erst in der nächsten Gruppe, zu der eine gewaltige Kluft klafft. Anders als die Hybridkreuzungen sind diese Hühner von ihrer Genetik her nicht zwangsläufig schon zu einem elendigen Dasein verdammt und natürlich schreibe ich hier von den „echten“ Rassehühnern.

Bilder 4 bis 6: Auch Hühner, die zu alten Rassen gehören, werden immer wieder von Tierschützern in Bezug auf Qualzuchtmerkmale heiß diskutiert: Hier sind eine struppfiedrige Chabo-Henne, ein Paduaner-Hahn mit Vollhaube sowie ein struppfiedriger Holländer Weißhauben-Hahn als Beispiele für betroffene Varianten zu sehen.

Gruppe 2: Die klassischen Rassehühner alter Tage

Rassehühner entspringen in der Regel der traditionellen Rassezucht, bei der vormals variable Hühnerpopulationen durch klassische Zuchtwahl des Landwirts oder Hühnerzüchters, meist über viele Jahre hinweg, auf ein mehr oder weniger eng gestecktes Zuchtziel hin selektiert wurden. Bei den meisten heute existierenden Vertretern aus dieser Gruppe handelt es sich bereits um recht alte Rassen, die oft schon seit mehr als 100 Jahren existieren und daher bereits bekannt waren, bevor nach dem Zweiten Weltkieg die modernen Hybridlinien entwickelt wurden. Auch in der Rassezucht gibt es neben Zierrassen und Zweinutzungsrassen einige leistungsbetonte Legerassen, wie Italiener, Australorps und Vorwerkhühner, oder fleischbetonte Mastrassen, wie beispielsweise Mechelner, Dorkings und Houdan, jedoch wurden diese mit ihren Nutzeigenschaften deutlich weniger ins Extreme hineingezwungen. Wenn man bei Rassetieren von Legerassen und Fleischrassen spricht, redet man dabei üblicherweise von Tieren, die eine tiergerechte Haltungsform bei Hobbyhaltern oder Selbstversorgern noch als etwas Gutes für sich annehmen können. Auch hier gibt es aber Ausnahmen, und so manches Sondermerkmal, das man Hühnern der extravaganten Optik wegen angezüchtet hat, bringt den Tieren selbst ganz klare Nachteile. Beispiele dafür wären kaulschwänzige, struppfiedrige und knollenfüßige Hühner, aber auch alle mit großen Federhauben.

Gruppe 3: Soda-Hühner – Hühner, die einfach „so da" sind

Die dritte, überaus wichtige Hühnergruppe führt heute zumeist ein vollständiges Schattendasein und wird nicht nur von der Landwirtschaft komplett ausgeklammert, sondern in der Regel auch von Rassezüchtern und Hobbyhaltern plump ignoriert. Erwähnungen in Hühnerbüchern oder auf Websites, die den Hobbyhalter über Hühnerhaltung informieren, sind ebenfalls erschreckend dünn gesät. Dieser

Bilder 7 und 9: Soda-Hühner gehören weder einer bestimmten Rasse noch einer Gebrauchskreuzungslinie an. Sie sind einfach „so da" und ihre Abstammung bleibt häufig ungeklärt.

Bild 8: In den Adern meiner Soda-Henne Amber fließt gut sichtbar 50 Prozent Wyandottenblut.

Bilder 10 und 11: Die Rasse New Hampshire (links) zählt zu den wichtigsten Ausgangsrassen für die Erkreuzung diverser brauner Hybridlinien (rechts).

Sachverhalt wird zu einem irritierenden Absurdum, wenn man sich einmal bewusst macht, dass diese besagte Gruppe vor gerade einmal 150 Jahren noch die zahlenmäßig bedeutsamste war, und zwar weltweit! Ich rede hier von den rasselosen Hühnern und den züchterisch nicht gezielt auf stabile Merkmale hin selektierten Landschlägen im eigentlichen Sinn. Von ihren wenigen Anhängern werden rasselose Hühner heute gern als „Soda-Hühner" bezeichnet, weil es Hühner sind, die einfach so da sind. Diese Betitelung ist gar nicht schlecht, um Hühnerpopulationen zu benennen, die sich fernab der industriellen Hybridzucht, aber auch ohne Einfluss einer gezielten Rassezucht entwickelt haben. Das können halbwilde Tiere ebenso sein wie Hühner, die sich seit Generationen unkontrolliert auf einem Bauernhof oder in einem Zoo vermehren dürfen.

Manchmal sieht man Soda-Hühnern noch an, welche Rassen oder Hybridlinien in ihnen stecken. Sehr häufig entwickeln sie sich aber wieder zu einem naturbelassenen Urtypus zurück. Die bunten Landhühner von den unzähligen historischen Hühnerhofgemälden waren fast immer Soda-Hühner, auch wenn einzelne Populationen zu einer bestimmten Optik hintendierten. Hühner, die man heute als Landrassen bezeichnet, sind hingegen fast immer durchgezüchtete Rassetiere aus der Gruppe Nr. 2, die tatsächlich nur noch vom Habitus her einem Landhuhn entsprechen. Auch das völlige Ausbleiben von Eingriffen in die Zuchtwahl kann bei Haushühnern natürlich negative Auswirkungen haben. Gibt der Halter zum Beispiel über Jahre hinweg kein frisches Blut in seinen Bestand von Soda-Hühnern dazu, können sich Inzuchtproblematiken herausbilden, zumeist in Form von negativen Erbanlagen, die sich von Generation zu Generation immer mehr in der Hühnerschar verankern. Inzuchtlinien sind allerdings heute der Grundstein für die kommerzielle Hühnerzucht, darum hierzu nachfolgend mehr.

Wie sieht Kreuzungszucht aus und was sind Hybriden genau?

Was bei Hühnern als Hybride bezeichnet wird, ist nicht zu vergleichen mit echten Hybridtieren, bei denen verschiedene Spezies sich kreuzen, wie etwa von Kamelama (Kamel und Lama), Liger (Löwe und Tiger) und Zesel (Zebra und Esel) bekannt. Hühner-Hybriden werden innerhalb der Spezies *Gallus gallus* kreiert und sind daher streng genommen immer „artrein". Das sei aber nur am

Bild 12:
Hybridhühner, wie hier verschiedene Legehennen bei einem Händler, sind in den meisten Fällen „Endprodukte", mit denen nicht weitergezüchtet wird.

Rande erwähnt. Ich möchte Ihnen schildern, was genau gemacht wird, um Hybridhühner zu erzüchten. Am einfachsten ist dies am Beispiel der Legehybriden zu erklären. Die Vorfahren einer jeden Legehybridhenne waren ursprünglich einmal Rassetiere, die Vorfahren dieser Rassetiere waren bunte Landschläge, und diese bunten Landschläge stammen wiederum direkt von den ersten domestizierten Roten Kammhühnern in Südostasien ab. Für die Produktion der Legehybriden schufen Tierzuchtwissenschaftler nun innerhalb der Populationen auserwählter Legerassen, wie dem Leghorn, dem Barred Rock, dem Rhode Island Red oder dem New-Hampshire-Huhn, zunächst einmal besonders erbfeste und somit reinrassige Inzuchtlinien. Bei diesen Inzuchtlinien achtet man sowohl darauf, dass die Tiere gute Anlagen zum Eierlegen vorzuweisen haben, als auch darauf, dass sie möglichst frei von Erbkrankheiten sind. Letzteres ist bei ingezüchteten Beständen unerlässlich, denn sonst würde es bei der angestrebten geringen genetischen Bandbreite schnell zu ersten Problemen kommen. Die so erzielten, besonders reinerbigen Ausgangstiere stellen dann die Basis der Hybridzucht dar. Kreuzt man nämlich, angenommen, eine New-Hampshire-Inzuchthenne mit einem Leghorn-Inzuchthahn, kommt der sogenannte Heterosiseffekt zum Tragen. Der Heterosiseffekt sorgt dafür, dass beim Kreuzen zweier genetisch fremder Linien eine besonders günstige Genkombination an positiven Eigenschaften zum Vorschein kommt. Das „Kreuzungsprodukt", wissenschaftlich auch als die F1-Generation bezeichnet, hat also quasi die positiven Eigenschaften beider Elterntiere in sich vereint. Es übertrumpft diese in der Regel, sowohl was die Vitalität, als auch was im Fall eines Legehuhns die Legeleistung anbelangt. Der Heterosiseffekt lässt sich mit dieser Zuchtmethode sogar derart zuverlässig zum Vorschein bringen, dass Industriehühner heute nur noch auf diese eine Art gezüchtet werden. So einfach, so gut, aber mit der Schaffung von F1-Hybriden begnügt man sich mittlerweile längst nicht mehr. Häufig wird die F1-Generation nämlich mindestens noch einmal mit einer weiteren fremdblütigen Inzuchtlinie verpaart, um die Auswirkung des Heterosiseffekts zu verstärken. Was dann so alles genetisch in einem Hybridhuhn steckt, weiß der Endnutzer der Tiere zumeist nicht mehr, weil die Konzerne die Rezeptur für ihre „Kreuzungskonstrukte" geheim halten.

Warum man aus Hybridhühnern keine neue Rasse selektiert

Die Geflügelproduzenten schaffen ihre Hybridhühner immer wieder neu durch wiederholtes Kreuzen der Ausgangsrassen. Man stellt sich da als Außenstehender schnell die Frage, warum mit den Hybridhühnern nicht einfach eine neue Rasse selektiert wird, denn die Kreuzungen sind an sich vergleichsweise umständlich.

Hier kommt der Haken der Hybridtiere nun zum Vorschein, denn würde man Kreuzungstiere untereinander verpaaren, verschwänden die positiven Hybrideigenschaften sofort wieder. Die Nachkommen der Hybriden wären direkt wieder deutlich unberechenbarer in ihren Nutzeigenschaften, und unberechenbar darf in der Industrie gar nichts sein. Um kalkulierbares „Material" zu bekommen, muss man die Ausgangskreuzungen also jedes Mal aufs Neue wieder von Anfang an vornehmen, ganz gleich, wie kompliziert sie sind. In den Hallen der Züchtereien werden zu diesem Zweck seit vielen Jahrzehnten die ursprünglichen Ausgangsrassen immer weiter vermehrt, und diese armen Vögel tun dann ihr ganzes Leben

Bilder 13 bis 20: Hybridhühner, die aktuell im Umlauf sind: 13 Hybrid-Italiener, 14 Königsberger, 15 Dunkle Sussex, 16 Hybrid-Sussex, 17 Lohmann Brown, 18 Grünleger, 19 Bovan Black und 20 Blausperber.

lang nichts anderes, als in kleinen Zuchtkäfigen für Hochleistungsnachwuchs zu sorgen. Unfreiwillig übrigens, denn längst wird hier mit künstlicher Befruchtung gearbeitet.

Hybridhühner in der Hobbyhaltung

Ich glaube, als kleiner Einblick hinter die Kulissen der Tierzuchtindustrie waren die zurückliegenden Zeilen vollkommen ausreichend. Würde ich hier noch näher auf die Einzelheiten eingehen, hätte ich bald ein „Sad Huhn"-Buch anstatt eines „Happy Huhn"-Buchs und würde Gefahr laufen, in einen Interessenskonflikt zu geraten. Man kann die Machenschaften der großen Konzerne nicht so einfach ändern, und sie betreffen neben den Hühnern ohnehin auch alle anderen wichtigen Nutztiere, wie Puten, Gänse, Rinder und Schweine. Die Welt schreit nach billigen Lebensmitteln und die Tiere müssen es ausbaden. Wichtiger ist für uns Halter von glücklichen Hühnern an dieser Stelle nun die Frage, was die Existenz von Hybridhühnern für die Praxis in der Hobbyhaltung bedeutet.

Welche Sorten von Hybridhühnern sind aktuell im Umlauf?

Als Hühnerhalter kommt man schneller mit Hybridhühnern in Kontakt, als man denken würde. Klar, die braunen Legehybriden kennt jeder von den Bildern auf den Eierkartons, und man legt sie sich gewiss nur zu, wenn man sich nicht dafür interessiert, ein Rassetier zu erwerben. Aber wie sieht es aus, wenn ich Ihnen, werte Leser, sage, dass es Hybridhühner mittlerweile in allen populären Hühnerfarben gibt? Speziell um auch Hobbyhalter und Besitzer kleinerer Legeherden anzusprechen, haben die Züchtereien eine ganze Reihe von farbenfrohen Gebrauchskreuzungen entwickelt, die es erlauben, den „bunten Hühnerhof alter Tage" allein mit Hybriden in die Tat umzusetzen.

Diese Kreuzungen kommen in „Sonderlackierungen" wie Kupferhalsig, Schwarz-Columbia, Blau, Rebhuhnfarbig, Silberhalsig und Gescheckt daher und werden auf den Geflügelmärkten den ahnungslosen Neulingen gern mal als echte Rassetiere untergejubelt. Wie unterschiedlich Hybriden optisch inzwischen aussehen, entnehmen Sie am besten selbst auf den acht Fotos auf Seite 29.

Die Wichtigkeit von Erhaltungszuchtmaßnahmen

Viele traditionelle, mitteleuropäische Kulturrassen wie die Ostfriesischen Möwen, die Ramelsloher, die Appenzeller Barthühner, die belgischen Brakel oder die österreichischen Altsteirer wären längst verloren, wenn es nicht gezielte Erhaltungszuchtmaßnahmen gäbe, die ihren Fortbestand sichern.

Bild 25: Brakel zählen zu den ältesten europäischen Hühnerrassen, sind jedoch bedauerlicherweise nicht mehr so beliebt, weil sie vielen Hühnerhaltern zu wild und lebhaft sind.

Bild 26: Das Appenzeller Barthuhn ist stark gefährdet und würde ohne die Erhaltungszucht aussterben.

Der höchste Stellenwert ist dabei den zahlreichen Rassegeflügelzuchtvereinen bzw. Kleintierzuchtvereinen beizumessen. Die Vereinsmitglieder züchten neben den aktuellen Moderassen vielfach auch alte Rassen mit viel Herzblut und machen diese nicht zuletzt auch durch die Veranstaltung von Geflügelschauen einem breiten Publikum bekannt. Leider konnten in jüngster Zeit viele Ausstellungen nicht mehr öffentlich abgehalten werden, aus hinreichend bekannten Gründen (Covid-19). Das bringt auch die alten Rassen wieder indirekt in Gefahr, und vielleicht sind die einschlägigen Sondervereine und die sogenannten Zuchtringe, mit eindeutigen Rasseschwerpunkten, daher zukünftig wieder von größerer Wichtigkeit.

Ein Zuchtring ist ein Zusammenschluss von mehreren Züchtern der gleichen Rasse und hat das Ziel, die genetische Durchmischung dieser Rasse aufrechtzuerhalten, indem durch eine fast schon wissenschaftliche Vorgehensweise jährlich „Zuchtmaterial" untereinander ausgetauscht wird, in einem endlosen Kreissystem. Meist wird dabei jeweils ein Hahn von Züchter zu Züchter weitergereicht, es empfiehlt sich längerfristig aber auch der Austausch von Hennen, da viele Eigenschaften auch bei Hühnern geschlechtsgebunden an die Nachkommenschaft vererbt werden.

Bilder 21 bis 24: Als Beispiel für den Platzaufwand, den die gewissenhafte Rassezucht mit sich bringt, kann der große Zuchtstall des österreichischen Züchters Johannes Janus gelten: Hier finden sich Ställe samt Volieren für jeden einzelnen Zuchtstamm, ebenso wie Bereiche, in denen die Jungtiere tiergerecht heranwachsen dürfen. Gezüchtet werden die Rassen Marans, Lachshuhn, Araucana, Sulmtaler, Sandschak Kräher, La Fleche, Barnevelder und Bielefelder.

Wer eignet sich zum Rassezüchter?

Abgesehen vom zeitaufwendigen Vereinsleben, das auf sie zukommt, müssen angehende Züchter selbstredend auch die Bereitschaft mitbringen, sich mit den Themen „Vererbung" und „Selektion" auseinanderzusetzen. Eine Zucht ohne Zuchtziel ist keine Zucht, sondern nur Vermehrung. Ich verstehe jeden, der sich den Herausforderungen der gewissenhaften Rassezucht nicht gewachsen fühlt, denn falsch angewandt, kann Rassezucht auch Tierleid verursachen. Des Weiteren muss man für die Zucht genügend Platz zur Verfügung haben. Es grenzt heutzutage schon fast wieder an Luxus, wenn man hierbei nicht eingeschränkt ist. Die Platzfrage bedarf womöglich einer kurzen Erläuterung meinerseits.

Es ist nahezu unmöglich, schöne, gesunde Hühner zu züchten, wenn man nur einen einzigen kleinen Stall für die Tiere zur Verfügung hat. Als Züchter braucht man in der Regel als Minimum einen Bereich für die Zuchtgruppe, einen Bereich für das heranwachsende Junggeflügel, einen Platz für mindestens einen Reservehahn sowie einen separierten Quarantänestall für kranke Tiere oder Neuzugänge. Die weiteren Platzanforderungen richten sich dann danach aus, welche Zuchtmethode man verfolgen möchte. Im Fall der Naturbrut braucht man vom Zuchtstamm abgetrennte Unterbringungen für die brütenden Hennen bzw. Glucken mit Küken. Im Fall der Kunstbrut muss abgesehen vom Brutapparat auch geeigneter Raum für die Aufzucht der Küken in verschiedenen Altersstufen vorhanden sein. Dieser ganze Aufwand bezieht sich aber nur auf die Zucht einer einzigen ausgewählten Rasse. Viele Züchter betreiben jedoch Linienzucht und halten mehrere Stämme von ein und derselben Rasse. Andere Züchter versuchen ihr Glück zeitgleich mit mehreren verschiedenen Rassen. Wie groß hier der Platzaufwand werden kann, wenn man all diese Tiere auch noch tiergerecht halten möchte, wird schnell klar. Um Platz zu sparen, lassen sich allenfalls noch die Jungtiere verschiedener Rassen gemeinsam großziehen, aber ansonsten hat man hier wenig Ausweichmöglichkeiten, wenn man den Prinzipien meiner „Happy Huhn"-Philosophie treu bleiben möchte.

Das Wunder Hühnerei

Bild 2: **Größenunterschied zwischen dem Ei eines großen Seidenhuhns und dem Ei eines Zwerg-Seidenhuhns.**

Bild 2: **Alle Hühner müssen Eier legen, um nicht auszusterben, selbst winzige Zierrassen wie diese gold-schwarz gesäumten Sebrights.**

Warum legen Hühner Eier?

Siehe Folge 30!

Alle Hühner legen Eier, ganz gleich, ob es sich bei ihnen um Nutz- oder Zierrassen handelt. Selbst die winzigsten Zwerghennen, wie etwa der Rassen Serama und Sebright, beglücken den Halter regelmäßig mit dem Ereignis der Eiablage. Das müssen sie auch, denn schließlich könnte keine Hühnerrasse dauerhaft bestehen, ohne regelmäßig „Bruteier" hervorzubringen. Aus Sicht des Huhns sind alle Eier „Bruteier", ob sie nun befruchtet sind oder nicht. Hühner legen Eier, um sich fortzupflanzen. Doch während viele Weibchen anderer Vogelarten nur eine begrenzte Anzahl an Eiern im Jahr ablegen und die Eiablage außerdem von einem vorhergehenden Kopulationsakt mit einem Männchen stimuliert werden muss, legen Hühner eine geradezu ungeheuerliche Menge an Eiern. Sie tun dies auch, wenn weit und breit kein Hahn in Sicht ist. Menschliche Zuchtwahl hat dies möglich gemacht, denn das „Legen wie verrückt" ist für Wildhühner nicht typisch.

Aus menschlicher Sicht schlechte Leger, wie Sumatra, Chabo oder Onagadori, die in der Regel „nur" ca. 80 Eier im Jahr produzieren, übertreffen mit ihrer Produktionsmenge so gut wie alle wilden Vogelarten. Das muss man sich einmal vorstellen. Die Eierproduktion ist für das Huhn mit hohen Energiekosten verbunden, denn schließlich ist in einem Ei alles enthalten, was es braucht, um ein komplettes, lebensfähiges Küken entstehen zu lassen. Nicht umsonst sind viele Legehybriden nach ihrer ersten Legeperiode, in der sie oft weit über 300 Eier produzieren mussten, völlig ausgemergelt und brauchen ewig, um sich wieder halbwegs zu erholen, sodass die zweite Legeperiode starten

Bild 3: Die französischen Maranshühner sind für ihre dunkelbraunen bis kastanienroten Eier weltberühmt.

Bild 4: In dieses Nest haben offensichtlich verschiedene Hühnerrassen gelegt, denn die einzelnen Eier zeigen individuelle Farbnuancen.

kann. Interessant ist übrigens, dass viele Hühner in ihrer zweiten Legesaison zwar weniger Eier legen, diese dafür aber deutlich größer sind und sich der Unterschied dadurch wieder ausgleicht. Während wilde Hühner im Herbst und Winter kein einziges Ei legen, gibt es domestizierte Hühner, die gute Winterleger sind. Bekannt für diese Eigenschaft sind zum Beispiel die russischen Orloff-Hühner und die Schwedischen Blumenhühner. Beide kommen aus rauen Klimaten und haben daher mit Kälte kaum Probleme.

Farbenfrohe Eiervielfalt

Hühnereier können sich je nach Rasse nicht nur hinsichtlich ihrer Größe stark unterscheiden, sondern auch farblich. Sie müssen keineswegs immer nur weiß oder braun sein. Einige Hühner überraschen uns mit kastanienroten, olivgrünen, hellblauen, türkisfarbenen, zartrosa oder sogar gepunkteten Eiern, die von dunklen „Sommersprossen" verziert werden. Rassen mit solchen ungewöhnlich gefärbten Eiern sind momentan im Trend; leider haben das auch die großen Züchtereien längst bemerkt und zum Beispiel „Grünleger"- und „Schokoleger"-Hybriden entwickelt. Weil ich diese Gebrauchskreuzungen nicht empfehlen möchte, will ich Ihnen lieber ein paar bunt legende Rassen empfehlen. Für ihre türkisblauen Eier berühmt sind beispielsweise die südamerikanischen Araucana-Hühner. Sie sehen etwas gewöhnungsbedürftig aus, weil ihnen der Schwanz fehlt. Wenn Sie keine schwanzlosen Hühner mögen, wäre die englische Rasse „Cream Legbar" ein guter Ersatz. Auch ihre Hennen legen bläuliche bis türkise Eier, haben aber einen Schwanz und ist zudem „kennfarbig", was für eine gute Tarnung im Auslauf sorgt. Wer an kastanienroten Eiern Gefallen findet, wird das französische Marans-Huhn lieben. Seine Eier haben eine beeindruckend kräftige Farbe. Die Original-Marans sind große und schwere Hühner, weshalb manche die Zwergform bevorzugen, deren Hennen ebenfalls kastanienrote Eier legen. Die empfehlenswerteste Rasse, die „Sommersprossen-Eier" legt, wäre meiner Meinung nach das Bielefelder Kennhuhn. Die kleinen Pünktchen auf den Eiern gefallen besonders Kindern, und weil jedes Ei ein wenig anders gezeichnet ist, haben die Kinder jedes Mal aufs Neue ihre Freude beim Einsammeln der Eier.

Tipp: **Auch wenn die Eier von Zwerg- und Zierrassen meistens recht klein sind, so können sie doch genauso gut in der Küche verwendet werden wie normal große Eier. Zum Backen sind die Zwergeier geradezu wundervoll geeignet, weil sie im Vergleich zu großen Eiern verhältnismäßig viel Dotter haben.**

Bild 1: Erst durch Fortschritte im Getreideanbau war auch eine vermehrte Ausbreitung der Hühnerhaltung in Europa möglich, denn nur Überschüsse wurden an Tiere verfüttert.

Hühner natürlich füttern: Tücken der Hühnerfütterung

Siehe Folge 119 und Folge 180!

„Tiergerechte Hühnerfütterung" – hinter diesen wohlwollenden Worten verbirgt sich weit mehr als nur die schlichte Ernährung unseres Hausgeflügels. Clevere Hühnerhalter wissen, dass die Fütterung der Schlüssel zu so mancher Problemlösung ist und man ihr gar nicht zu viel Augenmerk zukommen lassen kann. Mit bewusster und gezielter Fütterung kann man das Hühnervolk vor Krankheiten bewahren, die Eierproduktion unterstützen, Küken beim Heranwachsen helfen oder auch mausernde Tiere beim Gefiederwechsel unterstützen. Des Weiteren ist die Nahrungsaufnahme eine absolute Lieblingsbeschäftigung für jedes Huhn, und mit ein paar Tricks kann man daraus eine regelrechte Beschäftigungstherapie werden lassen. Viele Rassen lassen sich über Futtergaben per Hand außerdem recht schnell zahm machen, womit Futter auch dazu geeignet ist, Hemmschwellen, ja, um nicht zu sagen „Mauern" fallen zu lassen. Bevor ich auf alle diese Punkte näher eingehe, ist es mir zuallererst aber ein großes Anliegen, über einen der größten Irrtümer in der „Geschichte der Haustierfütterung" zu sprechen, und der lautet: „Hühner sind typische Körnerfresser."

Zu viel Korn ist ungesund

Hühner sind Allesfresser, und Allesfresser fressen zwar noch lange nicht alles, aber alles, was sie fressen, sollte zumindest möglichst vielseitig und bunt gemischt sein. Das Gegenteil von Allesfressern sind Nahrungsspezialisten, also Tiere, die sich auf eine ganz bestimmte Nahrungsquelle spezialisiert haben. Beispiele hierfür wären etwa der bekanntermaßen an die Aufnahme von Blütennektar angepasste Kolibri oder der fast vollständig von Früchten lebende Tukan, um in der Vogelwelt zu bleiben. Für das Huhn hat die Natur eine solche Fixierung auf eine bestimmte Nahrungsquelle nicht vorgesehen. Ganz im Gegenteil, denn Hühner werden früher oder später sogar krank, wenn sie sich zu einseitig ernähren müssen. Trotzdem wird der weitaus größte Teil der im 21. Jahrhundert aus dem Ei schlüpfenden Hühner vom ersten Lebenstag an in die Rolle von Körnerfressern gezwungen. Mangelerscheinungen und das gehäufte Auftreten von Krankheiten, die sich letztlich auf die falsche Ernährung zurückführen lassen, sind die Folge. Dem

Bild 2: **Verschiedene Getreide- und Körnersorten machen meistens den Löwenanteil in der Hühnerfütterung aus.**

Bild 3: **Was Hühner alles fressen dürfen: So ein ausgewogener Menüplan ist abwechslungsreicher und bunter, als man vielleicht denkt.**

Bilder 4 und 5: **Der Grünkohl ist ein calciumreiches Grünfutter für den Winter, das jeder Hühnerhalter für seine Lieblinge selbst anbauen sollte.**

wirkt man dann lieber mit künstlichen Nahrungsergänzungsmitteln und „wohldosierten" Mineralstoffgaben entgegen, anstatt von vornherein eine hühnergerechte Fütterung anzustreben.

Man fragt sich als gewissenhafter Hühnerhalter, wie es so weit kommen konnte, und eine Antwort ist auch schnell gefunden, wenn man ein bisschen in die Vergangenheit zurückschaut. Die ausschließliche Fütterung von Hühnern mit Getreide hat sich seit dem Beginn der Industrialisierung allmählich, Schritt für Schritt angebahnt. Sie wurde letztlich zum bequemsten Weg, und für größere Betriebe spielte die vereinfachte Fütterung auch aus rein wirtschaftlicher Sicht bald eine maßgebende Rolle. Das Füttern von Hühnern ist heute zu 100 Prozent kalkulierbar, und es gibt längst für jeden Hühnertypus in jedem Lebensalter die scheinbar perfekte Futtermischung fertig zu kaufen. Dem Hühnerhalter bleibt es so erspart, selbst über die Futterzusammensetzung nachzudenken. Vom Alleinfutter für Küken und dem Aufzuchtfutter für heranwachsende Tiere bis hin zum Legemehl für Legehennen und dem Mastfutter für Masthühner gibt es stets die angeblich optimale Lösung. Für die Industrie mag es vielleicht schwer sein, von diesem gut eingetretenen Pfad abzuweichen, aber gerade wir Hobbyhalter und Rassezüchter sollten es uns mit der Fütterung unserer Schützlinge nicht so einfach machen. Vielmehr sollten wir, wann immer dies möglich ist, den Schritt zurück wagen, zur ursprünglichen Hühnerfütterung.

Hühnerfütterung damals

Hühnerfütterung, die zurück zum Ursprung geht, bedeutet nicht, dass die Hühner kein Körnerfutter bekommen, aber sie bedeutet für mich auf jeden Fall, dass das Körnerfutter nur einen Teil ihrer Ernährung ausmacht. Wenn Hühner die Möglichkeit haben, sich auf einem großen, abwechslungsreichen Freigelände zu bewegen, ergänzen sie ihren täglichen Menüplan selbstständig und Tag für

Bild 6: Frei laufende Hühner nehmen meist selbstständig einen beträchtlichen Teil Grünfutter zu sich, wenn sie auf einer Wiese laufen können.

Bilder 7 und 8: Mineralfutter, Magenkiesel und Muschelgrit sind wichtig, um diversen Mangelerscheinungen beim Federvieh vorzubeugen.

Tag mit einer Vielzahl an fressbaren Dingen von unterschiedlichster Qualität und Nährstoffzusammensetzung. Sie machen das so gekonnt, dass es dann vonseiten des Halters her nur die Gabe von Körnerfutter benötigt, um eine gesunde Ernährung zu gewährleisten. In einem begrenzten Gehege ist es selbstredend für die Tiere aber irgendwann nicht mehr möglich, sich viel Zusatzfutter selbst zu suchen, und spätestens wenn der Winter da ist und der Boden gefroren ist, bleibt auch den glücklichsten Hühnern mit den großzügigsten Möglichkeiten zum Freigang die Erschließung selbst gewählter Nahrungsquellen verwehrt. Keinesfalls darf der Gang zum Futtersack dann die alleinige Lösung sein. Es bleibt also nicht aus, dass sich der Halter selbst mit dem Thema „Futtervielfalt" auseinandersetzt. Früher hat man den Hühnern viel Grünfutter gereicht, vom Grasschnitt bis hin zu Abfällen aus dem Gemüsegarten. In den Wintermonaten bekamen die Hühner Heublumen zum Aufpicken und man erntete nicht selten sogar spezielle wintergrüne Kohlsorten für das Federvieh oder griff auf eingelagertes Gemüse wie Rüben, Karotten, Pastinaken und Rote Beete zurück. Die Hühnerfütterung gehört zu den Dingen, die früher tatsächlich besser waren, auch wenn ich mich hiermit erneut einer abgedroschenen Phrase bediene.

Was Hühner „von Natur aus" so alles fressen wollen

Grashalme, Blätter, Kräuter, Beeren, Sämereien, Insektenlarven, Spinnen, Würmer, Engerlinge und Schneckeneier sind nur ein paar der geläufigsten Dinge, die Hühner „von Natur aus" suchen und fressen. Sie nehmen aber erstaunlicherweise auch Holzstückchen, Kieselsteine, Sand und Erde gezielt auf, weil sie diese für ihre Verdauung brauchen. Die Steinchen und Sandkörner unterstützen die Zerkleinerung des Futters im Magen des Huhns, während Erde und Totholz scheinbar bei der Entgiftung helfen, indem sie neutralisierend und bindend wirken. Ähnliches kennt man auch von Vogelarten

Bild 9: Die Gartenmelde ist für Hühnerhalter kein lästiges Unkraut, sondern vielmehr ein wertvolles Grünfutter aus der Natur.

Bild 10: Zu gehacktem Wurzelgemüse, Feldsalat und Kräutern wurde hier etwas Reis beigemengt, um das vitaminreiche „Superfood" für die Zwerghühner attraktiver zu machen.

aus der Natur. Weltberühmt unter „Birdwatchern" sind etwa einige Lichtungen im Amazonas-Regenwald, weil sich dort große Papageienschwärme einfinden, die oft von weit herfliegen, um heilende Lehmerde zu fressen. Instinktiv wissen Wildvögel, ebenso wie Hühner, was sie fressen müssen, wenn es im Verdauungstrakt Probleme gibt, und man kann sich gerade diesbezüglich gut vorstellen, wie unwohl sich Käfighühner in ihrer Haut fühlen müssen. Was die „speziellen kulinarischen Gelüste" des Hühnervolks anbelangt, können wir „Happy Hühnerhalter" mit ein paar Handgriffen dafür sorgen, dass es an nichts fehlt. Wer befürchtet, dass die Hühner nicht genügend Steinchen finden, kann ihnen in einer Schale spezielle Magenkiesel sowie Grit geben, denn der Handel bietet beides extra für diesen Zweck an. Sand kann zugleich auch für das tägliche Staubbad der Tiere zum Einsatz kommen, indem man eine Hühnersandkiste aufstellt. Rinde von ungiftigen Bäumen, ein paar Wurzeln und naturbelassene Baumstämme strukturieren den Auslauf und stillen bei Bedarf zugleich den Zelluloseheißhunger der Tiere.

Erde sollte stets ungedüngt sein, und wenn die Tiere sie im Freilauf aus irgendeinem Grund nicht vorfinden, kann man auch hier, ähnlich der Sandkiste, eine Erdwanne zum Buddeln und Scharren bereitstellen.

Grünfutter – das „Superfood" der Hühnerernährung

Es gibt viele Möglichkeiten dafür, Hühner mit Grünfutter zu versorgen. Man kann Gemüse kaufen oder unter bestimmten Voraussetzungen auch Grünzeug in der Natur sammeln. Ganz klar ist hier aber der im Vorteil, der einen eigenen Nutzgarten hat. Kohl, Salat, Karotte, Wirsing, Rote Beete, Kürbis, Gurke, Petersilie, Fenchel, Zwiebel und Rübe sind nur ein paar besonders empfehlenswerte Gemüse- und Kräuterarten, die man selbst als Futterpflanzen anbauen kann. Seit man sie für die Hühnerfütterung „wiederentdeckt" hat, werden diese Nutzpflanzen zuweilen als regelrechtes „Superfood für Hühner" betitelt, zu Recht, wie ich finde, denn wertvolle Inhaltsstoffe sind in diesen Gewächsen zum Teil geradezu übermäßig vorhanden. Auch von selbst wächst so manches Kräutlein im Garten, das sich für die Hühnerfütterung eignet. Gerade scheinbare „Unkräuter" wie Brennnessel, Löwenzahn, Gundelrebe, Giersch, Vogelmiere, Melde, Klee, Breitwegerich und Beinwell sind in höchstem Maß als Hühnerfutter zu empfehlen. Meines Erachtens nach sollte man sogar extra eine Ecke im Garten verwildern lassen, um diese Wildpflanzen immer in ausreichenden Mengen zur Verfügung zu haben. Für die Hühner sind zu streng gestaltete Gärten ohnehin nur wenig attraktiv.

Bilder 11 und 12: Weiche Apfelsorten werden von Hühnern über Stunden hinweg aufgepickt, wenn man sie ihnen als Beschäftigung in den Auslauf legt.

Obst und Beeren

Auch Obst und Beeren sind echte Vitaminbomben für Hühner und können regelmäßig verfüttert werden. Aufgrund des hohen Fruchtzuckeranteils sollte man hier aber stets nur moderate Mengen reichen. Ein halber Apfel lädt zum Picken ein und beschäftigt die Tiere eine Weile, eine Handvoll Himbeeren, Brombeeren, Heidelbeeren oder Johannisbeeren ist in der Regel schon nach einer Minute „vernichtet", und Wassermelonenstücke sind an heißen Sommertagen auch für Hühner eine willkommene Erfrischung. Auch in der Natur finden sich Fruchtgehölze, die unter passenden Umständen für die Sammlung von Hühnerfutter interessant sind. Da denke ich beispielsweise an den Holunder, die Hagebutte, die Kornelkirsche oder den Sanddorn.

Tierische Eiweißquellen

Wenn man das Gefühl hat, dass die Hühner während des Freilaufs nicht genug tierisches Eiweiß aufnehmen, sei es, weil der Platz begrenzt ist oder der Boden gefroren, kann man gerade mit den berühmten „Leckerbissen für zwischendurch" leicht einen Ausgleich bewirken. Hühner lieben zum Beispiel Mehlwürmer, die es lebend oder getrocknet im Zoofachhandel zu kaufen gibt. Nichts macht sie schneller zahm als die Gabe von Mehlwürmern per Hand. Auch Milchprodukte wie Joghurt, Quark und Käse sind bei Hühnern sehr beliebt und unterstützen eine ausgewogene Ernährung, wenn man sie regelmäßig in kleineren Mengen verfüttert.

Essensreste aus der Küche

Kochfutter wie Reis, verschiedene Arten von Nudeln und vorgegarter Weizen wird von den meisten Hühner gern gefressen und ist daher gut dafür geeignet, kranke, alte, schwache und mausernde Tiere wieder zu Kräften kommen zu lassen. Mit dem Punkt Kochfutter findet sich aber auch ein fließender Übergang zum aktuell heiß diskutierten Thema „Essensreste verfüttern". Das Verfüttern von Lebensmitteln, die sich bereits auf dem menschlichen Teller befunden haben, ist mittlerweile geradezu verpönt, dabei war es in vergangenen Zeiten zu Recht gang und gäbe. Abgesehen davon, dass es sich hierbei um eine ideale Wiederverwertung von Abfällen handelt (aus Essensresten werden wieder Eier), lieben Hühner viele Kompo-

Bild 13: Getrocknete Mehlwürmer sind eine tierische Eiweißquelle, die, in Maßen gefüttert, auch zum Hühnerzähmen taugt.

Bild 14: Gekochter Reis aus der menschlichen Küche ist für die Hühner ein wertvolles Zusatzfutter, wenn er mit Grünfutter vermischt serviert wird. Der Reis muss für die Hühner jedoch ohne Salz gekocht werden.

Bild 15: Ein gutes Beispiel für ein Hühnerfutter, das nicht nur aus Körnern besteht, ist das Premium Hühnerfutter von Wachtelshop, in dem auch Kräuter, Gemüse und Mineralien bunt gemischt mit an Bord sind

nenten der menschlichen Ernährung geradezu und stürzen sich in der Regel auf alles, vom trockenen Brot bis hin zum Gemüseauflauf. Selbstverständlich sollte sich die Gabe von menschlichem Essen immer in gewissen Grenzen halten, und es gibt ein paar Lebensmittel aus der Küche, die bei Hühnern möglichst vollständig gemieden werden sollen.

Tödlich giftig ist beispielsweise die als Superfood betitelte Avocado für alle Vögel, wofür die Substanz Persin verantwortlich ist.

Zitrusfrüchte und Tomaten schlagen dem Federvieh aufgrund ihres hohen Säuregehalts auf den Magen. Auch das so überlebenswichtige Salz verursacht bei Hühnern schon in geringen Dosen Durchfall. Zucker, Kaffee, Alkohol, Schokolade und Rohmilch empfehlen sich ebenfalls nicht für die Hühnerernährung. In der gewerblichen Eierproduktion ist es übrigens aus seuchenhygienischen Gründen ganz klar gesetzlich verboten, Essensreste zu verfüttern!

Das Körnerfutter – Von Schrotfutter bis Presspellets

Selbst wenn man noch so abwechslungsreich und vielfältig füttert, so wird man das Futter aus dem Sack doch in den meisten Fällen als Basis brauchen. Es gibt inzwischen tatsächlich sehr gute, abwechslungsreiche Mischungen, die mit mineralisierten Pellets, Heilkräutern, Gemüseschnitzeln, Spirulinaalgen und Ähnlichem aufgewertet wurden, und darum wäre es falsch zu sagen, dass Fertigfutter immer schlecht sein muss. Werfen wir aber mal einen Blick auf die Basis des Ganzen, nämlich das Getreide selbst: Weizen, Hafer, Gerste, Roggen, Hirse und Mais finden sich, in unterschiedlichsten Mischverhältnissen zueinander, in vielen Futtermischungen. Für Küken werden dabei andere Mischungen angeboten als etwa für Legehennen oder Masttiere.

Unabhängig von der Zusammensetzung des Futters ist es hierbei interessant, welchen Unterschied es für die Hühner machen kann, ob das Futter aus ganzen Körnern besteht, geschrotet wurde oder gar in Mehlform dargereicht wird. Bei Mischungen aus ganzen Körnern neigen Hühner meistens dazu, selektiv zu fressen, und bestimmte Getreidearten bleiben dann regelmäßig als Reste übrig. Bei geschrotetem Futter hat man mit diesem Problem nicht mehr so stark zu kämpfen, und zudem kann geschrotetes Futter von den Kropfbakterien der Hühner schneller „weiterverarbeitet" werden. Gar nicht mehr selektieren können die Hühner beim Futtermehl. Weil sie sich außerdem schwertun, schnell eine große Menge davon zu fressen, bietet diese Darreichungsform auch mehr Beschäftigung. Ein Nachteil des Futtermehls ist seine schlechtere Haltbarkeit, besonders unter feuchten Lagerbedingungen. Eine vierte Verarbeitungsform des Körnerfutters, die noch erstaunlich wenig genutzt wird, stellen die gepressten Futterpellets dar. Auch hier werden die Hühner nicht zu einseitiger Auswahl verleitet; manche Pellets beinhalten neben Körnern sogar Grünfutterkomponenten sowie eine ausgefeilte Mineralisierung und sind somit wirklich als hochwertig anzusehen. Pellets bleiben außerdem im Gegensatz zum Futtermehl nicht in den Federbärten von bärtigen Hühnerrassen kleben, weshalb ich persönlich den Pellets einen hohen Stellenwert einräume.

Bilder 16 bis 18: Selbst gemachtes Kükenfutter aus Großmutters Tagen mit geriebenen Karotten, hart gekochten Eiern, gehackten Brennnesseln, Haferflocken und etwas Bierhefe.

Aufzuchtfutter für Küken

Besonders fatal finde ich die alleinige Verwendung von Futter aus dem Sack, wenn es um die Aufzucht von Küken geht. Der Handel bietet bekanntermaßen Kükenfutter an, das angeblich als alleiniges Futter vollkommen ausreichend ist, aber dem ist in Wahrheit nicht so. Auch Küken brauchen Grünfutter, Gemüse, Ballaststoffe und tierisches Eiweiß in ihrer Ernährung, und weil sie anfangs häufig noch nicht ins Freie hinausdürfen, haben sie keinerlei Möglichkeit, sich diese Komponenten selbst zu beschaffen.

Anbei möchte ich darum eine Empfehlung für eine altbewährte Futtermischung geben, die man den Jüngsten regelmäßig als Ergänzung zum handelsüblichen Aufzuchtfutter anbieten sollte. Sie deckt mit nur wenigen „Grundprodukten" alles Nötige ab.

Man braucht dafür im Wesentlichen Brennnesseln, Karotten, Haferflocken und hart gekochte Eier. Die Brennnesseln werden klein gehäckselt oder geschnitten, die Karotten gerieben und die Eier hart gekocht und zerstampft. Nun werden alle Zutaten in etwa gleichen Anteilen miteinander vermischt. Kleine Abweichungen spielen hierbei keine Rolle. Wichtig ist hingegen die wohldosierte Zugabe der fünften und der sechsten Komponente, denn als „Tüpfelchen auf dem i" gibt man pro Kilogramm Futtermischung noch einen gehäuften Teelöffel Bierhefe sowie einen Esslöffel hochwertiges Pflanzenöl dazu. Die Bierhefe ist eine sehr eiweißreiche Zusatznahrung und fördert zudem die Gefiederbildung, weil sie maßgebende Aminosäuren beinhaltet, die man über andere Futtermittel nur schwer in so günstiger Konzentration bekommen kann. Das Pflanzenöl – verwenden können Sie zum Beispiel Distelöl, Sonnenblumenkernöl oder Leinsamenöl – fördert die Futterverwertung, denn insbesondere die guten Inhaltsstoffe von Karotten und Brennnesseln können so im Verdauungstrakt besser aufgenommen werden.

In ihren Grundzügen stammt die Rezeptur für dieses Kükenfutter von der Großmutter eines befreundeten Hühnerzüchters, und seit ich sie in einem YouTube-Video weitergegeben habe, erhalte ich regelmäßig Rückmeldungen von Hühnerhaltern, die sie mit Erfolg bei ihren Nachzuchten eingesetzt haben und begeistert von deren Gesundheitszustand sind. Es ist schön, wenn altes Wissen auch heute noch nützlich sein kann.

Futter während der Mauser

Wenn Hühner mausern, befindet sich ihr gesamter Stoffwechsel im Ausnahmezustand. Die komplette Neubildung des Gefieders zehrt an den Kräften der Tiere und eine ausgeglichene Fütterung ist daher von großer Wichtigkeit. Für tierisches Eiweiß und Kochfutter sind solche Tiere darum besonders dankbar, aber auch Grünfutter sollte ihnen ständig zur Verfügung stehen.

Viele Grünfutterarten wie Kohl, Wiesengräser, Luzerne und Klee beinhalten eine Zusammensetzung von Eiweißen, Vitaminen und Spurenelementen, die sich für den Gefiederaufbau als sehr vorteilhaft erwiesen hat. Auch die zuvor von mir beschriebene Futtermischung für Küken empfiehlt sich sehr, denn was bei Küken das Wachstum und die Befiederung begünstigt, tut Selbiges auch bei mausernden Tieren.

1

Der Hühnerstall

Bild 1: Ein alter gemauerter Hühnerstall auf einem Bauernhof leistet als relativ klimaneutraler Stall immer noch gute Dienste als Hühnerheim.

Das „Happy-Hühner-Home"

Siehe Folge 10 und Folge 54!

Einen zentralen Punkt im Leben der meisten Haushühner stellt zweifelsohne der Hühnerstall dar. Gute Hühnerställe können so unterschiedlich aussehen, dass ich manchmal das Gefühl habe, dass hier architektonisch betrachtet sogar mehr Kreativität möglich ist als beim Bau von Häusern für Menschen. Es gibt ihn nicht, diesen einen richtigen Hühnerstall, denn ein perfekter Hühnerstall ist immer ideal an die Anforderungen angepasst, die die künftigen Bewohner an ihn stellen. Für eine kleine Truppe Seidenhühner wird man eine andere Unterkunft wählen als für eine Zuchtgruppe großrahmiger Jersey Giants, die zu den größten Hühnern der Welt zählen. Es gibt Rassen, die für die Nacht nichts lieber haben wollen, um sich sicher zu fühlen, als möglichst hoch gelegene Sitzstangen, und wieder andere, die es aufgrund ihres Gewichts kaum schaffen, höhere Sitzgelegenheiten zu erreichen. Dies sei nur ein Beispiel für einen Faktor, der für die tiergerechte Haltung der einzelnen Rassen von unterschiedlicher Wichtigkeit sein kann.

Ich möchte in diesem Kapitel keine Stallbaupläne veröffentlichen, sondern Sie vielmehr dazu einladen, selbst kreativ zu werden und sich vor der Planung des eigenen Hühnerstalls das Thema aus der Sicht der Hühner anzusehen. Wenn man erst einmal weiß, was das Hühnervolk alles braucht, oder eben auch nicht braucht, kommen gute Ideen für die Umsetzung meist von allein. Im Folgenden führe ich darum elf Punkte auf, an die Sie auf jeden Fall denken sollten.

Bild 2: Die Lage des Hühnerstalls sollte vorab gut bedacht werden. Im Sommer nicht zu heiß, im Winter nicht zu kalt und schattig.

Bild 3: Dieser geräumige Heini-Coop-Hühnerstall bietet den Hühnern allen Luxus, den sie brauchen: natürliches Licht, viel Scharrraum am Boden, ausreichende Sitzgelegenheiten, saubere Legenester und Futterspender, die durch ihre erhöhten Aufhängungen nicht verschmutzen.

Wie Hühnerställe ausgestattet sein müssen

Die Lage des Stalls

Viele künftige Hühnerhalter platzieren den Hühnerstall automatisch so, dass er entweder möglichst nah beim Haus ist, damit sie keine weiten Wege haben, oder aber so, dass er am Rand des Grundstücks steht, um die Geruchsbelästigung zu vermindern. Die Lage des Stalls sollte aber in erster Linie für die Hühner angemessen sein, besonders dann, wenn es sich um einen endgültig platzierten Hühnerstall handelt, den man hinterher nicht mehr kurzerhand umstellen kann. Im Sommer sollten Hühner keiner starken Hitze ausgesetzt sein, weshalb eine südseitige Ausrichtung nicht zu empfehlen ist. Im Schatten ist es oft recht feucht und im Winter zudem am eisigsten. Es empfiehlt sich daher ein Standort mit Morgen- oder Abendsonne. Mobile Hühnerställe sind insofern von Vorteil, weil man sie im Winter sonniger platzieren kann als im Sommer, sodass die Hühner immer die bestmöglichen Temperaturverhältnisse abbekommen.

Die Platzfrage

Wenn es darum geht zu entscheiden, wie groß ein Hühnerstall sein soll, ist es immer klug, daran zu denken, dass die künftige Hühnerschar auch dann ausreichend Platz haben muss, wenn sie einmal nicht tagsüber ins Freie hinauskann. Das kann aufgrund von Krankheiten oder extrem schlechtem Wetter im Winter der Fall sein oder wegen einer behördlich verordneten Stallpflicht, wie es etwa in vielen Regionen im Winter 2016/2017 der Fall war. Denken Sie daran, ein Plätzchen für Tiere zu haben, die man in Quarantäne halten muss, oder an separierte Abteile für Glucken, Junghühner, Reservehähne usw., wenn Sie vorhaben zu züchten. Auch die Hühnerrasse beeinflusst die Mindestanforderungen an die räumlichen Gegebenheiten stark. Informieren Sie sich vorab über rassetypische Vorlieben.

Das Material – Holz, Beton, Ziegel oder Sandwichpaneele?

Das häufigste Material, aus dem Hühnerställe gebaut werden, ist sicherlich Holz. Empfehlenswert sind aber auch Hühnerställe mit gemauerten oder betonierten Wänden. Sie schwanken in der Regel weniger, was das „Raumklima" anbelangt, halten länger und verursachen weniger Kosten durch Wartungsarbeiten. Ein modernes, aber auch hochpreisiges Stallmaterial sind sogenannte Sandwichpaneele, deren Hauptvorteile darin liegen, dass sie gut isolieren und sich prima reinigen lassen. Wenn zum

Bild 4: Damit es auf den Sitzstangen nachts nicht eng wird und die Tiere sich bei Hackordnungsstreitigkeiten auch ausweichen können, bräuchte es dringend zusätzliche Sitzgelegenheiten.

Bild 5: Bei der Stallplanung rechnet man je ein Legenest für drei Hennen, denn nicht selten sind zur „Rushhour" alle Nester besetzt.

Bild 6: Futtertröge für Pferde sind tolle Legenester für Hühner, weil sie sich bei Ungezieferbefall leicht reinigen lassen. Man kann sie in beliebigen Höhen an der Wand anbringen.

Beispiel rote Vogelmilben zur Plage werden, ist das ein riesiger Vorteil. Die Sandwich-Paneelställe der saarländischen Firma Heinicoop haben darum zurecht in den letzten Jahren einen regelrechten Hühnerstalltrend ausgelöst.

Fenster und natürliches Licht

Hühner brauchen Licht, und je heller ein Stall daher mit natürlichem Sonnenlicht durchleuchtet wird, umso besser ist es. Denken Sie also auch an ausreichend große Fenster. In hellen Ställen kann man in der Regel auf Kunstlicht fast vollständig verzichten und die Hühner entwickeln einen natürlichen Tag- und-Nacht-Rhythmus, der der jeweiligen Jahreszeit entspricht.

Die Belüftung

Ein Hühnerstall sollte niemals, auch im Winter nicht, luftdicht abgeschlossen sein. Ein ausreichender Luftaustausch ist wichtig für die Gesundheit der Tiere, vor allem dann, wenn viele Hühner eng beieinanderleben müssen. Um Zugluft zu vermeiden, hat es sich hierbei als optimal herausgestellt, einen einzelnen größeren Lüftungsschlitz oder wahlweise eine Lüftungsklappe an einer erhöhten Position einzuplanen.

Sitzstangen richtig auswählen

Sitzstangen sind für die meisten Hühner die erste Wahl bei der Suche nach einem nächtlichen Schlafplatz. Sie können schnell zum Streitpunkt werden bei der Klärung der Rangfolge, weil ranghöhere Tiere stets die besten Plätze für sich beanspruchen. Es sollte daher lieber eine Sitzstange zu viel eingeplant werden als eine zu wenig, damit jedes Tier eine Chance hat, erhöht zu schlafen. Manche Halter berichten auch, dass es sinnvoll ist, die Stangen in unterschiedlichen Höhen anzubringen. Der ideale Durchmesser der Stangen richtet sich stark nach der jeweiligen Hühnerrasse, und rechteckige oder ovale Sitzstangen sind runden stets vorzuziehen. Lebhafte, flugfreudige Rassen wollen möglichst hoch gelegene Stangen, während schwere Rassen oft nicht mehr als 20–30 cm Höhe erreichen können. Die Stangen sollten nicht zu nahe an der Wand montiert werden, weil sich die Hühner sonst mit der Zeit das Schwanzgefieder abstoßen. Das ist vor allem bei langschwänzigen Rassen, wie Sumatra oder Yokohama, ein wichtiger Punkt.

Die Legenester

Sorgen Sie für eine ausreichende Anzahl an Legenestern, damit auch mehrere Hühner gleichzeitig

7

8

9

ein Ei ablegen können. Erfahrungsgemäß gibt es nämlich ein gewisses Zeitfenster während des Tages, innerhalb dessen das Legegeschäft von den Damen erledigt wird. Eine Faustregel besagt, dass man jeweils ein Legenest für drei Hühner anbieten sollte. Ein dunkler Standort der Legeboxen kommt dem Schutzbedürfnis der Hennen während der Eiablage sehr entgegen, und damit die Privatsphäre gewahrt wird, sollten die Legenester außerdem nicht direkt beim Ausschlupfloch liegen. Zu enge Legenester führen auf Dauer dazu, dass sich die Hennen Schäden am Schwanzgefieder zuziehen.

Der Hühnerschlupf

Der Hühnerschlupf bzw. das Schlupfloch, durch das die Hühner vom Stall zum Freigelände hinauswechseln können, bedarf ebenfalls einiger Überlegungen. Damit das Schlupfloch nicht zur Zugluftquelle Nummer eins wird, sollte man es beispielsweise etwas erhöht anordnen und die Größe der Öffnung nach der Rasse richten, es jedoch nie überdimensional groß einplanen.

Schmale und hohe Öffnungen sind besser als breite und niedrige Öffnungen. Ein Windfang in Form von einigen zusammengeschraubten Brettern kann dort zum Einsatz kommen, wo der Wind direkt in den Hühnerschlupf bläst.

Künstliches Licht und Heizung

An einen Stromanschluss im Hühnerstall sollte man unbedingt denken, sei es für eine künstliche Beleuchtung oder eine Heizung. Wenn es rein ums Überleben geht, brauchen die mitteleuropäischen Hühnerrassen auch im Winter weder Heizquellen noch Kunstlicht, als hilfreich aber haben sich diese dennoch in der Praxis erwiesen. Denken Sie nur daran, wie nützlich ein Tränkwärmer sein kann, wenn das Trinkwasser an eisigen Wintertagen auch im Stall zufriert. Wer Hühnern im Winter eine Wärmelampe anbietet, muss bedenken, dass ein warmes Stallklima gefährlich sein kann, wenn die Tiere den Stall morgens verlassen. Hat es draußen nämlich starke Minusgrade, ist der Temperaturunterschied sehr groß und die Hühner werden sich leicht verkühlen.

Bild 7: Eine automatische Hühnerpforte sorgt mit diversen Einstellungsoptionen dafür, dass die Zwerghühner morgens immer zeitig aus ihrem Stall laufen können.

Bilder 8 und 9: Hühnerleitern machen in Kombination mit einem erhöht positionierten Hühnerschlupf durchaus Sinn, weil so meist keine direkte Zugluft in den Bodenbereich des Hühnerstalls gelangen kann.

Bild 10: Stroh ist wohl der Einstreuklassiker und leistet auch in der Hühnerhaltung immer noch gute Dienste

Bild 11: Ein modernes, sehr hygienisches Substrat für den Stallboden ist Hanfeinstreu.

Einstreu und Nistmaterial

Als Einstreu für Hühnerställe kommt eine Vielzahl von Materialien infrage, allen voran Sägespäne und Stroh. Gefährlich kann in manchen Fällen Heu sein, weil die Hühner es manchmal in größeren Mengen fressen und es hierdurch immer wieder zu Kropfverstopfungen kommt. Lange, schwer verdauliche Heuhalme sammeln sich dabei im Kropf des Huhns und verschließen den Ausgang zum Magen hin (siehe Abschnitt zur Tiergesundheit).
Als alternative Einstreu eignen sich durchaus auch Sand, Hackschnitzel, Hanfeinstreu, Rindenmulch und trockenes Falllaub von ungiftigen Gehölzen, das man im Herbst selbst im Garten sammeln kann. Nistboxen werden bevorzugt mit Stroh ausgepolstert. Weil die legenden Hennen während des Legens gern etwas Beschäftigung haben wollen, geben einige Halter zusätzlich auch etwas Magengrit in die Legenester, den die Hennen über mehrere Tage hinweg aufpicken. Viele Hühnerhalter schwören inzwischen auf Dinkelspelzen als Nesteinstreu, weil die Eier darin versinken und darum nicht angepickt werden.

Futter- und Wasserbehältnisse

Futter und Wassergefäße müssen sich im Hühnerheim so platzieren lassen, dass es weder durch herabfallenden Kot noch durch Einstreu, die die Hühner beim Scharren durch die Gegend pfeffern, zu größeren Verunreinigungen kommen kann. Runde, zentral angeordnete Futterspender sind clever, weil sie zu weniger Streitigkeiten zwischen Futterneidern führen als beispielsweise eckige Gefäße, die zudem in einer Ecke stehen. Um Futterverluste durch Umwerfen zu verhindern, hat es sich bewährt, Futterspender an langen Ketten von der Decke herabhängen zu lassen. Wenn sie Wassergefäße im Winter eisfrei halten möchten, empiehlt sich ein Stromanschluss für den Stall, denn so können sie die überaus praktischen Tränk-Heizplatten verwenden.

Info: Die Vogelgrippeverordnung schreibt übrigens vor, dass Hühner so gefüttert werden müssen, dass Wildvögel nicht an ihre Futterstellen herangelangen können. Dasselbe gilt für die Tränken ebenfalls.

12

13

14

Hühnerwohnträume wahr werden lassen

Ideen und Möglichkeiten für Ställe, die es verdient haben, als „Happy-Hühner-Homes" bezeichnet zu werden, gibt es unzählige. Sofern Sie die elf vorher von mir genannten Aspekte beachten, werden Ihre Hühner sich jedenfalls kaum beschweren können. Wer handwerklich geschickt ist, hat hier die meisten Möglichkeiten und ist eventuell nur durch baurechtliche Verordnungen eingeschränkt.

Wer nicht so gern bastelt, kann fertige Gartenhütten und Kinderspielhäuser zu regelrechten Hühnerwohnträumen werden lassen, denn häufig erfordern diese nur ein paar kleinere Umbaumaßnahmen. Zwerghühner finden während der warmen Jahreszeit sogar schon mal in Kaninchenställen geeignete Behausungen. Für sie sind die fertigen Hühnerstallbausätze aus dem Internet erfahrungsgemäß auch sehr viel besser geeignet als für die großen Legehennen, die meistens auf den zugehörigen Werbefotos abgebildet sind und zu Fehlkäufen verleiten.

Wer richtig viel Geld in die Hand nehmen möchte, kann für seine Hühner natürlich auch eine regelrechte Luxusvilla bauen, wie etwa den berühmten HeiniCoop Duo Vario, der aktuell wohl der Ferrari unter den Hühnerställen ist. Auf dem folgenden Bildmaterial möchte ich Ihnen eine abwechslungsreiche Auswahl an Hühnerställen zeigen, von der Sie sich womöglich inspirieren lassen.

Bilder 12 bis 18: Beispiele für verschiedene Hühnerställe: 12 Gartenhütte als Hühnerstall mit blühender Stallwand, 13 + 15 Umfunktioniertes Kinderspielhaus aus dem Baumarkt, 14 Selbst gebauter Stall für eine Schar Zwerghühner, 16 Mobiler Holzhühnerstall, 17 Holzhühnerstall für eine Zuchtgruppe, 18 Heini Coop „Duo Vario“ als Beispiel für einen Stall aus Sandwich-Paneelen.

Ein Außengehege für Hühner planen: Was „Outdoor-Hühner" wollen

Siehe Folge 127 und Folge 154!

Bild 1: Ungiftige Sträucher, Chinaschilf, Steine, Rinde und Baumstämme sorgen hier für ein abwechslungsreich eingerichtetes Hühnergehege.

Bild 2: Baumstämme und Äste sind für Hühner in beengten Ausläufen eine willkommene Klettergelegenheit, die meistens auch viel genutzt wird.

Sofern Sie Ihre Hühner nicht komplett frei herumlaufen lassen oder mit Volieren arbeiten, werden Sie neben einem tiergerechten Hühnerstall auch mindestens ein passendes Außengehege einrichten müssen. Es reicht dabei nicht aus, einfach nur ein großes rechteckiges Stück Wiese einzuzäunen, wie man es oft bei den landwirtschaftlichen Freiland-eier-Produzenten sieht. Hühner leben in der Natur im Unterholz und fühlen sich daher auf weiten offenen Flächen nicht sehr wohl.
Auch andere Punkte spielen eine wichtige Rolle, wenn es darum geht, ein Freigehege zu einem angenehmen Ort für die Hühner zu machen. Im Nachfolgenden daher sieben wichtige Punkte, die mehr als nur eine Überlegung wert sind.

Bild 3: Wenn Hühner sich vollständig frei in einem großen Areal bewegen dürfen, finden sie vieles, was für ihr Wohlbefinden wichtig ist, ohne weiteres Zutun des Menschen, zumindest während der warmen Jahreszeit.

Sieben Überlegungen für das hühnergerechte Freigehege

Die Platzfrage

Man sieht sie viel zu oft: kleine Hühnergehege, die nur noch Erdwüsten sind und bei jedem Regen zur matschigen Rutschpartie werden. Hühner sind wahre Meister darin, eine kleine Fläche völlig platt zu trampeln und jegliches Gräslein und Kräutlein, das darauf wuchs, zu vernichten. Planen Sie ein Außengehege daher lieber von vornherein etwas großzügiger, damit auch nach einigen Monaten Nutzung noch eine Grasnarbe da ist. Noch cleverer ist es, wenn man eine Fläche in zwei Parzellen einteilt, sodass sich die eine Seite erholen kann, während die Hühner die andere nutzen. Das ist auch aus hygienischer Sicht sinnvoll.

Der Zaun

Wie hoch ein Zaun sein muss, damit die Hühner nicht abhauen können, hängt nicht davon ab, wie groß ein Huhn ist, sondern von den Eigenschaften der Rasse. Die trägen Brahma lassen sich häufig schon durch einen 50 Zentimeter hohen Begrenzungszaun von der Flucht abhalten, während beispielsweise für Altsteirer auch eine zwei Meter hohe Einfriedung kein Hindernis ist. Je nach Rasse kommen unterschiedliche Materialien infrage und man kann durchaus auch wählen, was optisch gefällt, solange die Hühner sich an dem Zaun

Bild 4: Geflügelnetze sind inzwischen als mobile Hühnerzäune ausgesprochen beliebt. Hier wurden sie zusätzlich mit Holzpfosten stabilisiert, damit sie nicht durchhängen.

Bild 5: Ein Klassiker, der häufig als Hühnerzaun in Zuchtanlagen zum Einsatz kommt: der Maschendrahtzaun.

Bild 6: Auch Baustahlmatten können zu langlebigen und extrem stabilen Hühnerzäunen zweckentfremdet werden, wie hier für Amrocks.

Bild 7: Ein begrünbarer, selbst gebauter Hühnerzaun aus Sechseckgeflecht und Rankspalieren aus dem Baumarkt.

nicht verletzen können. Passende Begrenzungen habe ich so etwa schon aus Maschendraht, Kaninchengitter, Weidengeflecht, Backsteinen, Doppelstabmatten, Holzlatten, Rankgitterelementen und, besonders im Trend, aus Holzpaletten gesehen.

Schutznetze

Hält man eine Hühnerrasse, die sehr gut fliegen kann, sodass selbst der höchste Zaun nichts nützt, wird man nicht darum herumkommen, die Fläche zu überspannen. Häufig werden dafür Vogelschutznetze aus dem Obstbau verwendet, weil sie sehr preiswert sind. Sie sind allerdings nicht sehr stabil und man kann nur Entfernungen von wenigen Metern damit überbrücken. Des Weiteren werden sie oft zur Falle für Singvögel, die sich darin verheddern. Empfehlenswerter sind nach meinen Erfahrungen die robusteren Ranknetze, die speziell für Kletterpflanzen in Gartencentern angeboten werden. Auch hier braucht man aber Zwischenträger, um größere Flächen zu überspannen. Um Ranknetze zu verschönern, kann man ihren ursprünglichen Zweck nutzen und beispielsweise einjährige Kletterpflanzen darüberwuchern lassen. Das Überspannen der Freigehege ist selbstredend ein guter Schutz gegen Greifvögel und Raben.

Bild 8: Schutznetze, die über Hühnerausläufe gespannt werden, können mit geeigneten Kletterpflanzen, wie hier Rosenkelch, begrünt werden, sofern sie stabil genug sind.

Das Staubbad

Für ihre Gefiederpflege wollen Hühner regelmäßig in feinem Sand oder feiner Erde baden, je staubiger, desto besser, denn je kleiner die Teilchen sind, umso tiefer dringen sie in das Gefieder ein und schleifen dabei Ungeziefer und Verklebungen heraus, wenn sich das Huhn nach dem Bad schüttelt. Oft suchen sich Hühner draußen selbst irgendwo

Bild 9: Dieser überdachte Sandplatz für die Hühner darf dank bewurzelter Weidensteckhölzer mit der Zeit noch regelrecht einwachsen.

Bild 10: Sobald ihre ersten Federn sprießen, verspüren junge Küken den Drang zum Sandbaden.

Bild 11: Viele Hennen bevorzugen zum Sandbaden selbst gescharrte Erdmulden.

ein Plätzchen für das tägliche Staubbad, das häufig aber nur bei gutem Wetter trocken genug ist. Gönnen Sie Ihren Hühnern darum den Luxus eines überdachten Sandbads, dessen Basis gern auch ein ausrangierter Kindersandkasten sein darf.

Die Bepflanzung

Hühner mögen, wie eingangs bereits erwähnt, keine offenen, schutzlosen Flächen. Darum empfiehlt es sich, ein Hühnergehege dort anzulegen, wo von vornherein ein paar ungiftige Sträucher, Bäume oder Heckenpflanzen wachsen, die Struktur und Deckung geben. Ist das nicht möglich, können Sie nachträglich ein paar Gehölze einpflanzen. Gut geeignet sind zum Beispiel diverse Sorten von Weide und Holunder, weil sie wenig Probleme mit der Belastung durch den Hühnerkot haben und auch unter der Verdichtung des Bodens kaum leiden. Bei ruhigen Zwerghühnern haben mehrjährige Stauden, wie Rhabarber, Topinambur oder Chinaschilf, eine Chance durchzukommen.

Ruhe- und Schutzzonen

Wenn Sie, was die Bepflanzung anbelangt, nicht viele Möglichkeiten haben, können Sie Ihren Hühnern anderweitig Schatten- und Ruhezonen schaffen. Zwei größere Pressplatten, oder wahlweise auch Paletten, sind schnell A-förmig aneinandergeschraubt und bieten einen gewissen Schutz. Auflockern und strukturieren können Baumstämme, Wurzeln, Felsen und Steine sowie ausrangierte

Bild 12: Die Zwerg-Langschan-Henne fühlt sich im bepflanzten Auslauf pudelwohl

Bilder 13 bis 15: **„Der Zierapfel 'Red Sentinel' gehört zu den schönsten, ungiftigen Laubgehölzen für den Hühnerauslauf. Die Hühner können bis in den Winter hinein an seinen langlebigen roten Äpfelchen picken."**

Gebrauchsgegenstände wie Leitern, Stühle, Schubkarren, große Blumentöpfe oder ein Holzfass. Den Hühnern ist es letztlich egal, was Sie verwenden – Hauptsache, sie haben etwas zum Drunterschlüpfen, wo sie sich wohlfühlen.

Futter und Wasser

Von einer Fütterung im Freigehege wird oft abgeraten, weil man damit schnell Raben, Spatzen, Ratten und Mäuse auf den Plan ruft. Auch gesetzlich ist es aus seuchenhygienischen Gründen nicht erlaubt, Hühner im Freien zu füttern und zu tränken. Das ist problematisch, denn gerade an heißen Sommertagen werden zusätzliche Wasserstellen dankbar angenommen vom Federvieh. Müssen die Hühner zum Trinken jedes Mal extra in den Stall laufen, kann es während der warmen Jahreszeit schnell passieren, dass die Legeleistung nachlässt, weil die Tiere nicht genug trinken.

Bilder 16 und 17: **Erhöhte Sitzgelegenheiten im Auslauf kommen bei den Hühnern gut an, besonders wenn sie an windgeschützten Stellen angelegt wurden.**

Mit Hühnern gärtnern

Gartenidyll trifft Hühnerglück

Siehe Folge 24!

Die weitaus meisten Hühner in der Hobbyhaltung laufen heute nicht mehr auf Bauernhöfen herum, sondern werden in Privatgärten gehalten. Manchmal entwickeln sich kleine Gärten, in denen Hühner leben, zu Oasen des Lebens, die besonders in dicht besiedelten Gebieten eine erfreuliche Abwechslung darstellen. Es ist schon erstaunlich, wie schnell sich im Hühnergarten alles von allein fügen kann und so ein harmonisches Miteinander von Menschen, Hühnern, Pflanzen und anderen Heimtieren entsteht, wie man es auf modernen Bauernhöfen nur noch selten findet.

Häufig existiert ein Garten schon viele Jahre lang, bevor die ersten Hühner kommen, und so bieten sich in manchen Gärten wie von selbst bestimmte Ecken an, die sich für die Hühnerhaltung besser eignen als andere. Hühner fühlen sich erfahrungsgemäß dort am wohlsten, wo bereits große Sträucher und ältere Bäume stehen. Diese geben ihnen das Gefühl, in ihrem natürlichen Lebensraum zu sein, wo sie im Unterholz leben. Wenn Sie einen Gemüsegarten haben, wird aber auch der eine magische Anziehungskraft auf das Hühnervolk haben. In vielen Fällen erweist es sich als praktisch, wenn das Hühnergehege direkt an die Gemüsebeete angrenzt, denn dann kann man bei der Gartenarbeit anfallendes Futter direkt über den Zaun werfen.

Die Hühner werden sich über Karottengrün, kümmerliche Maiskolben oder von Schnecken angefressene Salatblätter ebenso freuen wie

Bild 1: Findige Landrassen, wie die Proveis-Ultentaler, lernen schnell, dass es sich im lockeren Erdreich der Blumenbeete besonders gut scharren lässt.

Bild 2: Solche Naturgärten, mit Gehölzgruppen, einer Blumenwiese und viel Strukturierung, sind ideale „Happy Hühnergärten".

Bilder 3 und 4: Zwergseidenhühner zählen zu den beliebtesten Rassen für blühende Ziergärten, weil sie auch bei völligem Freilauf vergleichsweise wenig Zerstörung anrichten.

über so manches Unkraut bzw. Beikraut. Löwenzahn, Giersch, Gundelrebe und Vogelmiere dürfen beim Jäten beispielsweise für die Hühner geerntet werden und verwandeln Ungeliebtes in Heißbegehrtes. Hühner können auch dazu beitragen, einen natürlichen Kreislauf im Garten entstehen zu lassen. Sie ernähren sich zu einem Teil von Pflanzen, die im Garten wachsen, geben aber mit ihrem Dung auch wieder etwas an das Erdreich zurück. Wer den Hühnermist kompostiert, bekommt dafür Gartenerde erster Güte, die nicht nur nährstoffreich ist, sondern zudem auch voller Mikroorganismen, die das Pflanzenwachstum ebenfalls positiv beeinflussen.

Gefahren für frei laufende Gartenhühner

Auch der auf den ersten Blick schönste Hühnergarten kann für das Federvieh einiges an Gefahren bereithalten, wenn Sie die Tiere darin frei herumlaufen lassen. Gehen Sie sicher, dass die Hühner den Garten nicht verlassen können, besonders dann, wenn eine vielbefahrene Straße direkt am Grundstück verläuft. Gefahren können von anderen Haustieren ausgehen sowie von Kunstdünger,

Pflanzenschutzmitteln und Schneckenkorn. Selbst ein Gartenteich, ein offener Swimmingpool oder das „harmlose" Planschbecken für Kinder können zur Todesfalle werden, wenn ein Huhn in Panik gerät und ins offene Wasser flattert. Eine Bedrohung, die je nach Fall sowohl überschätzt als auch unterschätzt werden kann, sind meiner Meinung nach aber die Giftpflanzen.

Bild 5: An der giftigen Akelei sollten die Küken besser nicht zupfen. Sie ist eine traditionelle Zierstaude in ländlichen Gärten.

Giftpflanzen haben Tradition!

Die Gefährlichkeit von Giftpflanzen wird oft überbewertet, weil Hühner von Natur aus gut einschätzen können, welche Pflanzen sich für die Ernährung eignen und welche nicht. Hühner aus Naturbrut sind hier übrigens sehr im Vorteil, weil sie sich vieles im Kükenalter von ihrer Mutter abgeschaut haben. An giftigen Pflanzen zupfen fast alle Hühner immer wieder einmal, nehmen dabei aber meist nur ungefährliche Mengen auf. Solange genügend fressbare Gewächse als Ausweichmöglichkeiten vorhanden sind, wird nichts passieren. Gefährlich wird es, wenn eine Giftpflanze das

Bilder 6 und 9: Mit ungiftigen oder nur schwach giftigen Blumen, wie hier Hornveilchen, Duftsteinkraut, Katzenpfötchen und Vergissmeinnicht, geht man als Hühnerbesitzer im Garten kein Risiko ein.

einzige erreichbare Grün für die Hühner darstellt, beispielsweise in einem kahlen Gehege. Dann kann es passieren, dass die Hühner aus Langeweile an diesem Gewächs fressen und sich so auf die Dauer vergiften. In einem üppig blühenden Garten ist meiner Erfahrung nach – und die habe ich als ausgebildeter Landschaftsgärtner durchaus – der überwiegende Teil der Gewächse in irgendeiner Form giftig.

Die Natur hat es so eingerichtet, dass sich Pflanzen nun einmal durch die verschiedensten Inhaltsstoffe gegen Fressfeinde zur Wehr setzen können. Andere Waffen haben die meisten Pflanzen nicht zur Verfügung. Meiner Meinung nach wäre es falsch, die Giftpflanzen zu verteufeln, denn dann müsste man gerade viele traditionelle Gartenpflanzen, die durch den aktuellen Bauerngartentrend wieder sehr in Mode gekommen sind, aus dem eigenen grünen Reich verbannen. Ich denke da beispielsweise an den Rittersporn, die Christrose, die Herbstanemone, die Küchenschelle oder die gauklerhafte Akelei. Sie alle sind giftige Hahnenfußgewächse, wachsen aber seit Jahrhunderten in den Gärten unserer Vorfahren und sind daher im Lauf der Zeit auch mit den zahmen Haushühnern tausendfach in Berührung gekommen, ohne dass es zu Massensterben des Federviehs kam.

David besiegt Goliath

Nun aber zu einem Aspekt der Giftpflanzenthematik, der häufig unterschätzt wird. Einige Giftpflanzen säen sich stark selbst im Garten aus und es keimen dann überall ihre Sämlinge. Die winzigen Keimlinge beinhalten das Gift häufig in besonders starker Konzentration und können dadurch trotz ihrer Kleinheit gefährlich sein, wenn die Hühner sie beim Scharren und Picken eher nebenher aufnehmen. Ein Beispiel für so ein Gewächs ist etwa der Rote Fingerhut, botanisch *Digitalis purpurea,* bei dem eine einzige Mutterpflanze Tausende Sämlinge hervorbringen kann, wenn die Bedingungen stimmen. Bei einem guten Freund ist sogar einmal eine ausgewachsene Pute verendet, weil sie zu viele Fingerhutsämlinge gefressen hatte.

Es war damals gar nicht so leicht, die Ursache für die Vergiftung ausfindig zu machen, weil alle ausgewachsenen Fingerhutpflanzen längst aus dem Garten entfernt waren zu dem Zeitpunkt, als die Sämlinge sprossen. Geradezu winzige Giftpflänzchen haben in diesem Fall also eine der größten Geflügelarten über die Regenbogenbrücke befördert, und ich möchte daher tunlichst davon abraten, es giftigen Gewächsen zu erlauben, sich im Aktionsradius der Hühner zu versamen. Ein Rückschnitt nach der Blüte kann im Zweifelsfall das Ausreifen von Samen verhindern.

Die Liste an giftigen Pflanzen, die zugleich wunderschön sind, ist lang, und ich verzichte hier bewusst darauf, alle diese Gewächse aufzuzählen. Wenn Sie sich näher interessieren, finden Sie aber mit Folge 24 von „Happy Huhn" auf meinem YouTube®-Kanal ein weiterführendes Video hierzu. Im Video zeige ich außerdem auch ungiftige Gartenpflanzen, die harmlose Alternativen darstellen.

Bild 10: Der stark giftige Fingerhut ist durch die für ihn typische Selbstaussaat gefährlich, denn seine Sämlinge werden vom Federvieh beim Scharren aufgenommen.

Naturbrut versus Kunstbrut

1

Bild 1: Auch in der Rassezucht schlüpfen die meisten Küken heute in Kunstbrut. Hier eine bunte Truppe aus Augsburgern, Yokohamas und Seidenhuhnküken.

Zwei grundverschiedene Wege der Kükenaufzucht

Siehe Folge 185 und Folge 186!

Das Leben eines glücklichen Huhns sollte meiner Meinung nach mit einer glücklichen Kindheit beginnen, so wie das auch beim Menschen der Fall ist. Im Idealfall heißt das für ein Küken, dass es in der Gruppe mit anderen Küken aufwächst und dabei von einer erfahrenen Glucke erzogen und beschützt wird. Kaum etwas ist anrührender und unterhaltsamer als der Anblick einer aufopferungsvollen Hühnermama, die von früh bis spät mit vollem Einsatz für ihre Kükenschar sorgt und dabei stets genau zu wissen scheint, was zu tun ist.

Tatsache ist, dass nicht einmal ein Prozent der aktuell in Europa lebenden Hühner in Naturbrut heranwachsen durfte. Die Kunstbrut bestimmt heute die Hühnerzucht, und das gilt für die großen Geflügelkonzerne ebenso wie für die Rassezucht.So sind hier als zwei grundverschiedene Wege der Kükenaufzucht von sehr unterschiedlicher Gewichtigkeit in ihrer Bedeutung und jedes einzelne Naturbrutküken darf sich daher als „Happy Küken" über sein besonderes Los freuen. Natürlich können aber auch Kunstbrutküken vergleichsweise tiergerecht aufgezogen werden!

Bild 2: Diese Proveis-Ultentaler-Küken wachsen in Kunstbrut auf.

Bild 3: Diese gold-weizenfarbigen Sulmtaler Küken lernen die Welt unter dem Schutz einer routinierten älteren Glucke kennen.

Bilder 4 und 5: Auf dem ersten Bild sind diese Chabo- und Serama-Küken einen Tag alt, auf dem zweiten Bild bereits drei Wochen. Die Glucke führt sie noch mindestens doppelt so lange.

Warum Kunstbrut so erfolgreich ist

Aus Sicht der Großbetriebe ist die Kunstbrut aus platztechnischen, hygienischen und wirtschaftlichen Überlegungen heraus die einzige Möglichkeit, Hühner zu vermehren. Naturbrut lässt sich im großen Maßstab einfach nicht gewinnbringend umsetzen. Warum schwören aber auch viele Rassezüchter mit kleinen Hühnerbeständen auf den Einsatz von Brutapparaten?, kann man sich nun fragen. Insgesamt drei wesentliche Gründe kommen mir dafür in den Sinn, und der wichtigste Punkt davon ist wohl der, dass Kunstbrut schlichtweg sehr effektiv ist. Man kann von einer Zuchtgruppe um ein Vielfaches mehr an Küken bekommen, wenn man die Eier der Hennen künstlich ausbrütet, und das kann im Fall einiger hoch gefährdeter Rassen sogar sehr wünschenswert sein. Der zweite Grund: Kunstbrut ist planbar. Man kann eine Henne nicht dazu bringen, gluckig zu werden, wenn sie es nicht möchte, aber der Brutapparat ist geduldig und lässt sich stets so befüllen, dass die Küken genau dann schlüpfen, wenn es einem am besten passt. Der dritte Grund betrifft die Hühner selbst. Viele moderne Hühnerrassen haben einen

Diese Ostfriesische Zwergmöwe ist gluckig, was man an ihren Lautäußerungen und der geduckten Körperhaltung mit den breit auseinandergespreizten Flügeln erkennen kann.

kaum noch vorhandenen Bruttrieb und werden nur äußerst selten gluckig. Weil sie sich also nicht mehr selbstständig vermehren, müsste man ihre Eier den Hennen anderer Rassen unterlegen, wenn man sie in Naturbrut vermehren möchte. Weil das aber in der Praxis vielen Züchtern zu umständlich ist, sorgt auch das dafür, dass Kunstbrut hier oft als einfachere Lösung angesehen wird.

Die Vorteile der Kunstbrut lassen sich nicht ignorieren und ich verstehe jeden, der sich einen Brutapparat zulegt, weil er gezielter und effizienter züchten möchte. Dennoch werde ich den Fokus in diesem Kapitel bewusst auf die Naturbrut setzen, getreu dem Motto: „Hühnerzucht, wie sie früher einmal war".

Warum Naturbrut sinnvoll ist

Lange Zeit glaubte man, dass Hühner ihr Leben fast ausschließlich mit angeborenen bzw. instinktiv veranlagten Verhaltensweisen bestreiten und kaum dazu in der Lage sind, durch Nachahmung zu lernen. Längst haben zahlreiche Studien aber bewiesen, dass fast alles Wesentliche erlernt ist, vom Picken nach Würmern, dem täglichen Sandbad bis hin zum Sozialverhalten und der Partnerwahl. Schon vom ersten Tag an ahmen Küken die Artgenossen in ihrer Umgebung nach. Folgerichtig dauert das Erlernen neuer Dinge deutlich länger, wenn sie nur mit gleichaltrigen Küken aufwachsen, und einige hühnertypische Verhaltensweisen werden in solchen Fällen sogar überhaupt nicht erlernt. Für eine optimale Entwicklung sind daher erwachsene Vorbilder wichtig, allen voran die führende Glucke, aber auch andere Hühner sowie der Hahn.

Vor allem für die Sozialisierung der Junghähne spielen erwachsene Hähne eine wichtige Rolle, aber auch Junghennen gucken sich beispielsweise von anderen Hühnern ab, welche Hähne bei der Partnerwahl zu bevorzugen sind. Immer wieder wird behauptet, dass Naturbrutküken viel wilder sind als Kunstbrutküken. Setzt man jedoch eine sehr zahme und menschenbezogene Glucke als „Leihmutter" für die Küken einer wilden, temperamentvollen Rasse ein, können die Kleinen von ihr sogar lernen, Menschen in ihrer unmittelbaren Nähe zu akzeptieren – ganz entgegen ihrem rassetypischen Misstrauen. Wer die Möglichkeit dazu hat, der Natur ihren Lauf zu lassen, sollte sich unbedingt einmal selbst die Freuden machen und einer Henne das Mutterdasein gönnen. Bei mir geht es jetzt weiter mit zehn wichtigen Punkten bezüglich des Ablaufs einer erfolgreichen Naturbrut mit dem Ziel, am Ende gesunde Jungtiere zu erhalten.

„Brütige" Hennen erkennen

Brütige Hennen erkennt man anhand ihres Verhaltens. Sie verlassen das Legenest nach der Eiablage nicht, sondern bleiben auf dem Gelege sitzen. Üblicherweise menschenscheue Hennen lassen sich dann häufig sogar vom Halter hochheben, ohne abzuhauen. Hinzu kommen spezielle tiefe und lang gezogene Gackerlaute.

Das Nest für die Bruthenne vorbereiten

Eine brutwillige Glucke lässt man meistens nicht direkt im Legenest brüten, daher wird man sie mindestens einmal samt Gelege umquartieren müssen. Bei dieser Gelegenheit kann man das neue Nest gleich so einrichten, dass es einen günstigen Brutverlauf unterstützt. Das Brutnest sollte an einem geschützten, ruhigen und nicht zu hellen Platz eingerichtet werden. Im Idealfall sollen die anderen Hühner dort nicht hingelangen. Umgedrehte und etwas angefeuchtete Grassoden, die man unter das

Bild 7: In den ersten Tagen nach dem Schlupf findet die Prägung der Küken auf das Muttertier statt. Erst danach wagt die Familie größere Ausflüge.

Nest bettet, sorgen für ein gutes Mikroklima und verhindern das Austrocknen der Eier in Ställen mit niedriger Luftfeuchtigkeit.

Wie man brütende Hennen richtig versorgt

Auch brütende Hennen müssen regelmäßig fressen, trinken und das Nest für die Absetzung des Kots verlassen. Leicht lässt man sich dazu verleiten, ihnen Futternapf und Trinkgefäß direkt vor die Nase zu setzen, tatsächlich ist es aber besser, wenn sie beides nur außerhalb des Nests erreichen. Es ist ausgesprochen wichtig, dass Glucken nicht durchgehend auf den Eiern sitzen, weil das Gelege zwischendurch auch mal abkühlen soll. Weil Glucken das Gelege häufig mit ihrem Kot stark verschmutzen, füttert man sie während der Brutphase ausnahmsweise etwas weniger vielfältig. Sie bekommen kaum Grünzeug, denn das führt zu sehr flüssigem Kot.

Die Fütterung besteht in dieser Zeit im Wesentlichen aus Körnermischungen und hart gekochtem, zerkleinertem Ei. Achten Sie darauf, dass die Glucke das Nest auch regelmäßig verlässt, um zu fressen. Manche Hennen brüten so verbissen, dass der Halter sie wenigstens alle zwei Tage mal vom Nest nehmen muss, damit sie kurzfristig „aus ihrer Trance erwachen".

Der Brutverlauf

In der Regel brüten Hennen ca. 21 Tage lang und kommunizieren in den letzten Tagen bereits über spezielle Laute mit den Embryonen im Ei. Nach der Erfahrung vieler Hühnerhalter empfiehlt es sich, das Gelege am 18. Tag mit etwas Wasser zu besprühen. Eier trocknen in Ställen schneller aus als in der Natur, und das Besprühen verhindert, dass die Küken Probleme beim Schlüpfen haben, weil das Ei bereits völlig dehydriert ist. Am Ende der Brutzeit haben die Glucken häufig viele Federn verloren und man wird außerdem einen deutlichen Gewichtsverlust feststellen. Das ist normal, denn das Brüten ist sehr anstrengend für sie.

Der Schlupf

Meist schlüpfen die Küken am 21. Tag; es gibt aber auch Rassen wie die Steinpiperl oder die Serama-Hühner aus Malaysia, bei denen die Küken schon am 19. Tag schlüpfen. Vor dem Schlüpfen verständigen sich die Küken bereits über Piepslaute durch die Eierschalen hindurch und synchronisieren damit den Schlupfzeitpunkt. Das hat die Natur so eingerichtet, weil Küken Nestflüchter sind und es wichtig ist, dass die Familie nicht allzu lange auf Nachzügler warten muss. Legt man einer Bruthenne die Eier von verschiedenen Rassen unter, kann es selbstredend zu Problemen kommen, wenn Küken dabei sind, die bereits am 19. Tag schlüpfen, sowie solche, die erst am 21. Tag schlüpfen. Letztere werden dann erfahrungsgemäß nicht ordentlich fertig bebrütet, weil die Glucke bereits mit dem Führen der „Frühankömmlinge" begonnen hat.

Der erste Tag der Küken

Nach dem Schlüpfen trocknen die Küken rasch und werden von der Mutter sanft unter das wärmende Federkleid geschoben. Es macht nichts, wenn sie am ersten Tag noch nichts fressen oder trinken, weil sie den Rest des Dottersacks vor dem Schlupf noch resorbiert haben und daher von diesem Nährstoffvorrat zehren. Spätestens am Folgetag sollten sie aber etwas zu sich nehmen. Die Prägung auf das Muttertier vollzieht sich in den ersten Lebenstagen, weshalb Eintagesküken der Glucke häufig noch „nicht ganz freiwillig“ folgen.

Glucke und Küken versorgen

Für die Glucke fängt der Stress nach dem Ausbrüten des Nachwuchses erst an und sie hat daher einen erhöhten Nährstoffbedarf. Sie muss zudem den Gewichtsverlust möglichst rasch wieder ausgleichen. Auch für die Küken braucht es hochwertiges Futter, denn sie wachsen sehr schnell und haben einen höchst effektiven Stoffwechsel. Das selbst gemachte Kükenaufzuchtfutter, das ich im Kapitel zur Hühnerfütterung empfehle, wird auch der Glucke guttun und stellt eine optimale Ergänzung zum Futter aus dem Sack dar.

Die Hühnerfamilie in den ersten Wochen

Lassen Sie Glucke und Küken zumindest in der ersten Woche noch separiert von den anderen Tieren an einem geschützten Plätzchen das Familienglück genießen. Schon in der zweiten Woche haben viele Küken ihre Größe bereits verdoppelt und die ersten Federchen sind gewachsen. Sie sind dann

Bild 8: Drei Wochen liegen zwischen dem frisch geschlüpften linken und dem rechten Küken. Viele alte europäische Rassen befiedern sich anfangs auffallend schnell.

Bild 9: Hier fressen die Küken eine frisch zubereitete Futtermischung mit Brennnesseln, Karotten, Eiern und Haferflocken.

Bild 10: Lebende Mehlwürmer sind ein proteinreiches Zusatzfutter für Hühnerküken, das aber nur in Maßen gereicht werden sollte.

Bild 11: Bei diesen Serama-Küken ist schon nach wenigen Wochen anhand der unterschiedlichen Kammbildung klar: Das vordere Küken wird ein Hahn, die hinteren beiden sind Hennen.

Bild 12: Der stark entwickelte errötende Kamm weist diesen Proveis-Ultentaler-Junghahn bereits im zarten Alter von zwei Wochen als Junghahn aus.

Bild 13: Dieses Küken ist sechs Wochen alt und wurde vor Kurzem von der Glucke „abgenabelt".

Bild 14: Dieser Ayam Cemani-Hahn hilft bei der Aufzucht mit und bewacht die Küken, während sie auf dem Ast ruhen.

erstaunlich robust und können unter Umständen schon den ersten Kontakt zu den anderen Tieren haben. Schätzen Sie selbst ein, ob eine Familienzusammenführung funktionieren kann. Die Glucke wird ihre Kükenschar jedenfalls gekonnt gegen andere Hühner verteidigen, und als Halter ist man nicht selten verblüfft, wie reibungslos alles abläuft.

Geschlechter unterscheiden

Spätestens nach drei Wochen kann man bei den meisten Hühnerrassen schon die Geschlechter der Küken erkennen. Männliche Tiere haben im Vergleich zu den weiblichen dann bereits einen deutlich weiter entwickelten Kamm sowie kräftigere Beine. Auch verhalten sich die künftigen Hähne im direkten Vergleich oft mutiger und zutraulicher als die Hennenküken, wodurch erfahrene Halter auch daran das Geschlecht relativ zuverlässig deuten können.

Der Abnabelungsprozess

Küken wachsen schnell aus den „Kinderschuhen" heraus und werden mit jeder Woche selbstständiger. Die Glucke weiß in der Natur instinktiv, wann der richtige Zeitpunkt für die Abnabelung der Jungtiere gekommen ist, und hört in der Regel nach etwa acht Wochen mit dem „Beglucken" der Sprösslinge auf. Sie kann dann durchaus aggressiv werden, wenn sie besonders aufdringliche Küken davon abhalten will, unter ihr wärmendes Federkleid zu schlüpfen. Haushühner führen ihre Sprösslinge oft länger und man konnte schon Hühner beobachten, denen die Küken selbst nach drei Monaten noch nachliefen. Für das umgekehrte Extrem stehen die österreichischen Steinpiperl-Hennen. Sie entwöhnen ihre Küken schon nach fünf bis sechs Wochen und schaffen es dadurch, gelegentlich bis zu viermal im Jahr zu brüten!

Kunstbrutküken sozialisieren oder zu Naturbrutküken transferieren

Abschließend möchte ich noch einmal kurz auf das Thema Kunstbrut zurückkommen. Wie Sie sich nach dem Lesen der zehn vorhergehenden Punkte sicher selbst vorstellen können, unterscheidet sich das Leben eines Naturbrutkükens extrem vom Leben eines Kunstbrutkükens. Wenn Sie, aus welchen Gründen auch immer, Küken künstlich ausgebrütet haben, versuchen Sie diese möglichst früh an andere Hühner zu gewöhnen, um den Unterschied für die Kükenpsyche nicht allzu groß ausfallen zu lassen.

Spätestens wenn das erste Federkleid grob mit seiner Entwicklung fertig ist, sollte der Kontakt zu älteren Artgenossen gegeben sein. Dass fremde Kunstbrutküken und übrigens auch Junghennen, die noch nicht legen, anfangs heftig gemobbt werden, wenn sie neu in eine bestehende Hühnergruppe eingegliedert werden, ist leider normal und typisch für Hühnervögel. Naturbrutküken haben nun mal den großen Vorteil, dass sie von ihrer Mutter sacht in das Hühnersozialleben eingeführt werden. Ausreichende Ausweichmöglichkeiten, zusätzliche Sitzstangen und gezielt platzierte Sichtblenden (gern auch in Form von Tannenreisig oder selbst gebauten Brettersichtschutzwänden) sind dabei für die Integrationsphase eine große Hilfe und machen den Neuzugängen die Eingewöhnung sicherlich etwas leichter. Manchmal findet sich aber auch eine willige Adoptivmama, die selbst ältere Kunstbrutküken noch annimmt und somit die Erfahrung mütterlicher Fürsorge möglich macht. Meiner Superglucke Klara konnte ich im Frühling 2020 sogar Kunstbrutküken zur eigenen Kükenschar dazuschmuggeln, die zu dem Zeitpunkt schon drei Wochen alt waren.

Sie hat alle „Künstler" sofort akzeptiert, und nachdem diese gelernt hatten, auf ihre Glucklaute zu hören, war alles super und Klara lief stolz mit 13 Küken durch den „Happy Hühnergarten". Viele andere Glucken wiederum akzeptieren fremde Zusatzküken nur, wenn diese ihnen schon in den ersten beiden Tagen nach dem Schlupf nachts ins Schlafnest dazugesetzt werden, und es gibt auch Fälle, wo Glucken sich selbst mit diesem Trick nicht dazu bringen lassen, fremde Küken zu akzeptieren.

Hähne: Alles über den Champion des Misthaufens

Siehe Folge 2 und Folge 19!

Hähne gehören zu den prachtvollsten Vögeln, die man sich vorstellen kann, und sie beflügeln damit die Fantasie der Menschen, ganz besonders aber die der Künstler schon seit langer Zeit. Ich liebe diese typischen Hühnerhofgemälde aus vergangenen Jahrhunderten, die Geflügel der verschiedensten Arten zeigen – von der Ente bis hin zum Truthahn. Fast immer spielen die Hähne im Bildaufbau eine zentrale Rolle, wenn sie nicht gar die Hauptattraktion verkörpern. Nur manchmal wagte es der Künstler, auch einen Pfau mit dem Pinsel zum Leben zu erwecken, und dann ist der Hahn nur noch die Nummer zwei. Zumindest bleibt die Ehre aber in der Familie, denn beide Arten sind Vertreter der farben- und formenreichen Familie der Fasanenvögel.

Von Feuerhahn bis Kampfmaschine

Zwar hielt man sich das Geflügel früher hauptsächlich nicht der Schönheit wegen, aber man hat sich deshalb sicherlich nicht weniger an der fröhlichen Farbenvielfalt des Federviehs erfreut. Man war gewiss stolz darauf, den schönsten Hahn des ganzen Dorfes zu besitzen, und so mancher Damen- oder

Bild 1: Das Gemälde „Geflügelhof mit Pfau" stammt aus dem 19. Jahrhundert und ist dem kreative Schaffen des Malers Carl Jutz dem Älteren entsprungen.

Bild 2: Manche Hähne begleiten ihre liebsten Hennen sogar zum Eierlegen in den Stall.

Bild 4: Nicht bei allen Rassen sind die Hähne bunter gefärbt als die Hennen, wie dieses Paar von deutschen Sperbern beweist.

Bild 6: Ohne einen aktiven Hahn können Hennen selbstverständlich keine befruchteten Eier legen.

Bilder 2 bis 7 - abgebildete Rassen: 2 Proveis-Ultentaler, 3 Silverudds Blau, 4 Deutscher Sperber, 5 Yokohama, 6 Proveis-Ultentaler und 7 Kroatischer Zwerghahn

Bilder 8 bis 12: In Frankreich wurde das Hahnenkrähen in den Dörfern, 2020 als Kulturgut erfolgreich unter Schutz gestellt. Abgebildete Rassen: 8 Brabanter Bauernhahn, 9 Sussex, 10 Proveis-Ultentaler, 11 Chabo, 12 Steinpiperl

Trachtenhut fand mit einer perfekt geschwungenen Hahnenfeder eine glänzende Verzierung. Selbstverständlich haben Hähne nicht nur in Europa längst Kultstatus. So kam ich beim Recherchieren darauf, dass ich dieses Buch im Jahr des Feuerhahns geschrieben habe! Der Hahn ist eines der zwölf chinesischen Tierkreiszeichen, und 2017 stand ganz im Jahr des Hahns. (Wenn das mal kein gutes Omen für ein Hühnerbuch ist …)

Auch chinesische Künstler haben Zigtausende Hähne verewigt, von der Porzellanfigur bis hin zum stilisierten Gemälde. Asien ist als Heimat aller Urhühner kulturell am stärksten mit der Hühnerhaltung verwoben.

Hähne sind dort je nach Land und Tradition nicht einfach nur Schönlinge, die es für die Vermehrung der Hühner zwingend braucht. Sie werden vielmehr nicht selten ganz „sportlich" für Hahnenkämpfe eingesetzt und können ihren Besitzern Ruhm und Ehre, aber auch Spott und Scham einbringen. Hahnenkämpfe findet man in Afrika und in Südamerika, ja im Grunde genommen überall dort, wo Menschen bis heute noch sehr eng mit dem Federvieh zusammenleben. Wir Europäer heißen solche Spektakel großteils heute nicht mehr gut, es gibt sie abseits des deutschsprachigen Raums zum Beispiel noch in Frankreich, Belgien oder Italien. Die europäischen Hahnenkämpfe haben heute allerdings längst keinen Dorffestcharakter mehr, und es mangelt den Beteiligten zumeist ohnehin an jeglicher Begeisterung für das Federvieh an sich. Mit astronomischen Wetteinsätzen, Fernsehteams und fieberhaft rastlosen „Trainern" und Besitzern sind Hahnenkämpfe am ehesten mit Boxkämpfen vergleichbar.

11

12

Brauchen Hühner einen Hahn?

Nun aber genug von den Glanzlichtern und den Abgründen der Hahnenverehrung und hin zur Praxis und zum Stellenwert des Hahns für uns Halter von glücklichen Hühnern. Zuchtstämme ohne Hahn taugen nicht viel, aber eine Gruppe Legehennen wird auch ohne Hahn ihren Zweck erfüllen und täglich Eier liefern.

Für viele Hühnerhalter stellt sich daher die Frage, wie wichtig ein Hahn für das Hühnervolk überhaupt ist. Ich denke, es wäre falsch zu behaupten, Hühner brauchten keinen Hahn. Zwar können sie ohne einen Gockel ganz gut leben, sie erarbeiten sich selbstständig eine Hackordnung und finden sich auch im Freigelände ohne die männliche Führung zurecht, aber es fehlt einfach dieses „gewisse Etwas". Den Unterschied wird man erst dann feststellen können, wenn man ein und denselben Hühnertrupp einmal mit und einmal ohne Hahn beobachten konnte.

Mit Hahn läuft alles etwas „zivilisierter" und geordneter ab. Hähne kommunizieren auf spezielle Art und Weise mit der Damenwelt und haben dafür eigene Ruflaute in ihrem Repertoire sowie eigene Verhaltensmuster. Untrügerisch ist das Gefühl, dass die Hühner es genießen, sich dem Schutz des Hahns hinzugeben und ihm gern die „Revierverteidigung" überlassen. Auf die Liebesmühen eines feschen Hahns hin springen sie meist sofort an, und so mancher Betrachter hat Mitleid mit den armen Hühnern, die beim Kopulationsakt doch harsch vom Hahn mit dem Schnabel im Genick gepackt werden.

Schnell ist das kurze Hühnerliebesspiel dann aber wieder vorbei, der Hahn macht sich von dannen, die Henne spreizt ihr Gefieder und schüttelt sich so lange, bis jede einzelne Feder wieder so sitzt, wie sie soll. Es wirkt fast so, als dürfe man ihr nicht ansehen, was gerade passiert ist, dabei stört es Hühner gar nicht, dass ihr Mann ein Hansdampf in allen Gassen ist und der „Vielweiberei" frönt.

Er macht es schließlich wieder gut, indem er sie heldenhaft und gar todesmutig verteidigt gegenüber Gefahren wie einem gelben Plastikeimer, einer Katze oder gar einer unverschämt frechen Amsel. Wehe aber dem Hahn, der sich als „Waschlappen" entpuppt und seine Hühnerschar nicht unter Kontrolle hat! Immer wieder erreichen mich Berichte über Hähne, die von den Hühnern getrennt werden mussten, weil sie sich ihrer körperlichen Überlegenheit nicht bewusst waren und sich auf das unterste Plätzchen der Hackordnung „hacken" ließen. Wenn Sie also einen neuen Hahn in eine Gruppe einbringen, beobachten Sie anfangs ausgiebig, was geschieht!

Kompromisslösungen für unliebsame „Gratiswecker"

Wenn Sie sich dazu entschlossen haben, Ihren -Hühnern die Freuden männlicher Gesellschaft zu ermöglichen, bleibt womöglich ein großes Hindernis: das frühmorgendliche Krähen des Hahns. Wo viele Nachbarn sind, hat man heute fast immer das Problem, dass sich irgendjemand daran stört, und ich glaube, in Zukunft wird das nicht besser. Im Vorfeld rate ich Ihnen darum dazu, mit allen Nachbarn zu reden. Kompromisse sind dabei durchaus möglich, wie bewährte Beispiele aus Holland zeigen.

Die Holländer sind begnadete Hühnerzüchter, aber Holland ist auch dicht besiedelt, und so werden zwangsläufig viele Hähne in kleinen Siedlungsgärten gehalten. Allerdings beschallen sie die Nachbarschaft dort in manchen Fällen erst ab Mitte Vormittag, denn die cleveren Züchter haben ihre Hähne darauf trainiert, abends in eine Transportbox oder Ähnliches zu gehen, die für die Nacht in den Keller oder in einen anderen relativ schalldichten Raum kommt. Dort wacht der Hahn des Morgens auf und kann ausgiebig krähen. Erst wenn es längst hell ist und die meisten Menschen schon wach und geschäftig sind, darf er wieder raus ins Freie zu seinem Hühnervolk. Das liest sich vielleicht erst mal etwas befremdlich, aber meist gewöhnen sich Hähne schnell an das tägliche Prozedere und werden dadurch sogar zahmer und menschenbezogener als Hähne, die rund um die Uhr mit der Hühnerschar laufen. Ich finde den Kompromiss jedenfalls klasse und denke, er ist allemal besser als die Aufgabe einer wertvollen Zucht, weil der „Gratiswecker" in der Nachbarschaft keine Begeisterungsstürme ausgelöst hat. Wer den Hahn dennoch abschaffen muss, aber trotzdem Erhaltungszucht betreiben will, kann brutwilligen Hennen befruchtete Bruteier von einem anderen Züchter unterlegen. So kann man einen Beitrag für die Vermehrung einer seltenen Rasse leisten, besonders wenn man die Nachzuchten dann wieder an Interessierte weitergibt. Sie sehen, es findet sich aus menschlicher Sicht fast immer eine Lösung, aber für die Hühner gibt es keinen Ersatz für einen Hahn. Wenn Sie also die Möglichkeit haben, gönnen Sie ihnen das Leben an der Seite eines edelmütigen Misthaufenchampions!

Bild 13: Bei farbenbunten Landschlägen, wie diesen Steinpiperl, ist die Haltung mehrerer Hähne in der Zuchtgruppe recht gebräuchlich.

Bild 14: **Zwei fremde Hähne geraten anfangs fast immer aneinander. Hier legt sich ein bayerischer Lanczwerg mit einem Vorwerkhahn an..**

Mehrere Hähne gemeinsam halten

Eine der häufigsten Fragen rund um das Thema Hahn ist sicherlich auch, ob es möglich ist, mehrere Hähne gemeinsam zu halten. Es ist nicht leicht, hier eine eindeutige Antwort zu geben. Die Haltung mehrerer Hähne in einer Gruppe kann in der Praxis sehr gut funktionieren oder auch zu einem Desaster ausarten. Die beste Chance auf Erfolg hat man selbstredend, wenn man sehr ruhige und verträgliche Rassen hält und wenn ausreichend Platz vorhanden ist, sowohl im Stall als auch im Freilauf. Unweigerlich werden die Hähne zumindest anfangs um die Rangordnung und ihren Anspruch auf die Damen kämpfen. Bei der Zusammenführung mehrerer Hähne ist es wichtig, eine Zeit lang vor Ort zu bleiben, um das Geschehen zu beobachten. Werden unterlegene Hähne zu stark vom ranghöchsten Tier attackiert, sollten sie selbstverständlich aus der Gruppe entfernt werden, bevor es zu ernsthaften Verletzungen kommt.

Bei temperamentvollen Rassen klappt das Zusammenleben mehrerer Hähne häufig nur dann, wenn sich die Hähne schon vom Jugendalter an gemeinsam in der Gruppe befinden. In solchen Fällen entwickelt sich während des Heranwachsens, mit etwas Glück, eine Art „brüderliche Toleranz" zwischen den „Männern". Aus genetischer Sicht wäre es auf jeden Fall sinnvoll, mehr als nur einen Hahn für die Zucht einzusetzen, da auch bei Hühnervögeln einige Gene geschlechtsgebunden vererbt werden. Professionelle Züchter haben häufig zumindest einen weiteren Reservehahn in ihrem Bestand, der aber nur zum Einsatz kommt, wenn der eigentliche Zuchthahn aus irgendeinem Grund ausfällt. Fakt ist, dass Hühnerbestände mit einer breit gefächerten genetischen Basis vonseiten der Vaterlinien wesentlich widerstandsfähiger und gesünder sind als solche, die nur auf wenige oder gar ein einziges männliches Individuum zurückzuführen sind. Anhand einiger alter Landrassen mit sehr bunten und variablen Gefiederzeichnungen lässt sich gut feststellen, wie wichtig es unter Umständen sein kann, dass möglichst viele Hähne ihre Gene an die nächsten Generationen weitergeben dürfen. Hervorragende Beispiele für solche Fälle sind die Rassen Steinpiperl und Schwedisches Blumenhuhn. Züchtet man stets nur mit einem Hahn, setzt sich in der Gruppe über kurz oder lang unweigerlich ein gewisser Farbtyp durch, der schließlich vorherrschend sein wird. Weil der Clou bei solchen Hühnern aber die Tatsache ist, dass jedes einzelne Tier optisch ein Unikat darstellt, wäre das fatal für die phänotypische Variabilität dieser hoch gefährdeten Rassen.

Nur gesunde Hühner sind auch glückliche Hühner: Der Gesundheitscheck beim Huhn

Siehe Folge 9 und Folge 174!

In diesem Kapitel soll es um die Aufrechterhaltung der Gesundheit des lieben Federviehs gehen, und auch wenn es abgedroschen klingen mag, möchte ich bewusst zuerst den Leitsatz hervorheben: Vorbeugen ist besser als heilen. Das Thema Geflügelkrankheiten ist für viele Hühnerhalter, und damit spreche ich keineswegs nur von den Neueinsteigern, wie ein Buch mit sieben Siegeln. Ich finde, die Thematik ist zu Recht gefürchtet, denn gerade wenn es um die einzelnen Krankheiten im Speziellen geht,

Bild 1: **Wer seine Hühner jeden Tag ein bisschen beobachtet, bemerkt Verhaltensauffälligkeiten vielleicht schnell genug, um noch handeln zu können.**

Bilder 2 und 3: **Bei diesen beiden „Pechvögeln" ist schon auf den ersten Blick klar, dass sie gesundheitliche Probleme haben: Fußräude, Gefiederschäden und Verletzungen im Kammbereich fallen ebenso auf wie der apathische Gesamteindruck. Auf dem zweiten Foto ist eines der beiden Hühner, bei denen es sich um gerettete Legehennen handelt, ein Jahr später zu sehen: Gesunde Federn, ein klarer, neugieriger Blick und Läufe, die sich zumindest teilweise erholen konnten, zeugen von guter Pflege.**

verliert man rasch den Überblick, und es kann auch schnell gefährlich werden, hier selbst nach Gutdünken Diagnosen zu stellen. Das Thema Hühnerkrankheiten ist zu komplex und facettenreich, um es in einem einzigen Kapitel mal eben so schnell, schnell, quasi im Vorbeigehen abzuhandeln. Von der richtigen Diagnose bis hin zur Heilung einzelner Krankheiten ist so vieles an Fachwissen vonnöten, dass ich jedem Hühnerhalter nur wärmstens empfehlen kann, sich hierfür einschlägige Fachliteratur zu besorgen. Nicht umsonst gibt es zahlreiche Bücher, in denen es über Hunderte Seiten hindurch nur um Hühnerkrankheiten geht. Suchen Sie sich aber auch rechtzeitig einen Tierarzt in der Nähe, der sich mit Federvieh auskennt. Bei Weitem nicht alle Tierärztinnen und Tierärzte sind darin geübt, Hühner und Vögel im Allgemeinen zu behandeln, und häufig finden sich hühnerfreundliche Veterinäre daher nur mit viel Glück. Ich selbst fühle mich zwar nicht zum „Hobbytierarzt" berufen, möchte Ihnen in diesem Büchlein aber zumindest erklären, wie ein routinemäßiger Gesundheitscheck beim Huhn aussehen kann, und anschließend auf zehn der häufigsten gesundheitlichen Beschwerden des Haushuhns näher eingehen.

Der alltägliche Health-Scan durch Beobachten

Die einfachste und alltäglichste Form des Gesundheitscheck beim Huhn kann im Grunde genommen jeden Tag durch schlichtes Beobachten erfolgen. Wer seine Hühner ein paar Minuten lang dabei beobachtet, wie sie ihren alltäglichen „Geschäften" nachgehen, kann mit etwas Übung hierbei schon mal grob feststellen, ob bei seinen Tieren grundsätzlich alles in Ordnung ist. Hühner sind empfänglich für eine Vielzahl von Krankheiten, können sich leicht vergiften und verletzen sich auch schon mal ernsthaft. Auf alle diese Dinge reagieren sie schnell mit Verhaltensänderungen und zeigen uns somit an, dass etwas nicht stimmt. Auch psychischer Druck, ausgelöst durch die Hackordnung in der Gruppe, kann einzelne Hühner stressen, und es gibt bestimmte Verhaltensmerkmale, anhand derer man das leidende Tier erkennen und frühzeitig für eine Lösung sorgen kann. Es ist wichtig, als Hühnerhalter immer die Augen offen zu halten und sich täglich ein paar Minuten Zeit für das Beobachten zu nehmen, denn geht es einem Huhn erst mal so richtig schlecht, gibt es nicht immer eine Rettung. Aus eigener Erfahrung kann ich nur sagen, dass man diesen „Health-Scan" irgendwann so automatisch macht, während man bei den Tieren ist, dass er einem gar keine Mühe mehr bereitet.

Bild 4: **Für Zwerg-Cochins ist es rassetypisch, dass sie sich meistens auffallend ruhig verhalten und auch auf Umweltreize nicht so schnell reagieren wie andere Hühner.**

Bild 5: **Erst wer ein Huhn mal auf den Arm nimmt, kann einen gründlichen Gesundheitscheck machen.**

Rassetypische Verhaltensweisen erkennen

Um zu beurteilen, ob ein Huhn sich normal verhält, muss man Kenntnisse darüber haben, welche rassetypischen Verhaltensweisen für das jeweilige Tier zu erwarten sind. Für einige Rassen wie Zwerg-Cochin, Brahma oder Sundheimer ist es ganz normal, dass sie vergleichsweise ruhig und gelassen auf den Betrachter wirken, man könnte auch sagen: etwas weniger aufgeweckt als die üblichen Hühnerrassen. Hier muss man mit Sicherheit genauer hinschauen, um lethargisches Verhalten zu erkennen. Umgekehrt gibt es Rassen, die, wenn alles in Ordnung ist, überaus temperamentvoll sind und auf jede Störung in der Umgebung mit wildem Gegacker und nervösem Hin-und-her-Gerenne reagieren. Spanier, Andalusier, Brakel oder Friesenhühner sind Beispiele für solche extrem lebhaften Rassen. Bei ihnen ist es überaus auffällig, wenn eines oder gar mehrere Tiere sich unwohl fühlen und sich daher nicht synchron zu der restlichen Herde verhalten. In der Regel ist es für den Halter leicht, kranke Tiere frühzeitig zu identifizieren und etwas zu unternehmen.

Auf den Arm genommen! Ausführlicher Gesundheitscheck

Den Health-Scan durch Beobachtung sollte man täglich anwenden, während ein detaillierterer Gesundheitscheck meiner Meinung nach zumindest einmal in der Woche praktiziert werden kann. Hier hängt das ideale Zeitintervall sicherlich auch davon ab, wie sehr man seine Hühner jedes Mal stressen müsste, wenn man sie einfängt, denn das Hochnehmen ist hierbei unerlässlich. Nur wenn man ein Huhn mal auf den Arm nimmt, kann man eine gründliche und gewissenhafte Untersuchung des Tiers machen. Ich gehe im Nachfolgenden, Schritt für Schritt, alle Körperregionen des Huhns durch und hoffe sehr, dass meine Zeilen Ihnen, gemeinsam mit dem dazugehörigen Bildmaterial, eine gute Anleitung sein werden, um das fortan auch bei Ihren Tieren zu praktizieren.

Was Kamm und Kehllappen verraten

Hat man das Huhn erfolgreich eingefangen und gewartet, bis es sich ein wenig beruhigt hat, so kann man direkt beim Kopf mit der „Gesundenuntersuchung" beginnen. Der Kamm und die Kehllappen eines gesunden Huhns, das sich gerade in der Legeperiode befindet, sollten kräftig rot und gut durchblutet sein. Fehlende Kammzacken oder schwarze krustige Stellen können sowohl auf Verletzungen als auch auf Frostschäden durch zu kaltes Stallklima im Winter hinweisen. Blasse und zurückgezogen wirkende Kämme und Kehllappen können andeuten, dass das Huhn zu legen aufgehört hat, sei es, weil es gerade in der Mauser ist, oder weil es ernsthaft krank ist. Haubenhühner haben in vielen Fällen keinen Kamm, aber hier lohnt es sich, dafür womöglich die Federhaube gründlich zu begutachten, denn sie kann beispielsweise als Nistplatz für Ektoparasiten dienen oder stark verschmutzt sein. Ähnliches gilt auch für Bärte. Zu große Hauben schränken außerdem das Sichtfeld des Tiers ein und müssen darum möglicherweise entsprechend zurechtgestutzt werden.

Auge in Auge

Die nächste wichtige Stelle am Kopf des Tiers sind die Augen. Hühneraugen müssen klar und frei von Schleim oder anderweitigem Ausfluss sein. Angeschwollene Augenhöhlen können auf Krankheiten wie Geflügelschnupfen hinweisen oder aber auch durch Zugluft im Stall zustande kommen. Bei Ausstellungstieren, deren Käfig ungünstig positioniert ist, kann man Letzteres häufig als Ursache für geschwollene Augenhöhlen ausmachen. Blutunterlaufene Augen können auf Kopfverletzungen verschiedener Art hinweisen.

Wie der Schnabel gewachsen ist …

Ein wichtiger Kopfpunkt ist auch der Schnabel. Der Oberschnabel sollte den Unterschnabel stets etwas überragen und sich quasi wie eine passgenaue „Abdeckung" über diesen legen, wenn das Huhn den Schnabel schließt. Verkürzte Oberschnäbel behindern das Tier nicht nur beim Fressen, sondern auch beim täglichen Sozialverhalten. Sie sind meist ein Indiz dafür, dass das Tier als Küken kupiert wurde, das heißt, ihm wurde bewusst die Hornspitze des Oberschnabels entfernt. Das Kupieren ist selbstredend eine umstrittene Praktik und stammt aus der Massentierhaltung. Mit der Idee von glücklichen Hühnern sind kupierte Schnäbel nicht vereinbar! Schnäbel, die nicht schön schließen und sich, von oben betrachtet, womöglich sogar schräg überschneiden, nennt man „Kreuzschnäbel". Auch Kreuzschnäbel behindern das Tier enorm und sind nicht heilbar. Sie

Bild 6: Auf den ersten Blick mag es so aussehen, als hätte der Blumenhahn im Vordergrund einen Rosenkamm. Tatsächlich hat sein Kamm jedoch aufgrund eines extremen Frostschadens alle Zacken eingebüßt.

wurden in einigen Fällen an die Nachkommenschaft weitervererbt, weshalb man hier züchterisch nichts riskieren sollte. Zuletzt soll, was den Schnabel anbelangt, noch darauf hingewiesen sein, dass die Nasenlöcher bei gesunden Tieren sauber und trocken sind. Ausflüsse und starke Verschmutzungen können wieder ein Hinweis darauf sein, dass das Tier erkrankt ist.

In den falschen Hals bekommen

Am Hals des Huhns befindet sich der sogenannte Kropf, bei dem es sich um eine Aussackung der Speiseröhre handelt, in der schwer verdauliche Nahrung vorverdaut wird. Zu Problemen mit dem Kropf kommt es dann, wenn sich der Ausgang zur Speiseröhre hin aus irgendeinem Grund verschließen sollte und zu einer Kropfverstopfung führt. Ohne einen Verdacht auf Kropfverstopfung sollten Sie nicht unnötig viel auf dem Kropf herumdrücken. Es gibt eine weiche und eine harte Kropfverstopfung, die beide zum Tod des Tiers führen können. In beiden Fällen tritt der Kropf am Hals stark hervor, fühlt sich jedoch bei ersterer Variante weich und elastisch an, während er bei letzterer verhärtet ist und sich nur noch geringfügig eindrücken lässt. Tierärzte können in den meisten Fällen helfen, wenn frühzeitig gehandelt wird.

Bild 7: **Diese Henne hat einen extremen Kreuzschnabel, der regelmäßig eingekürzt werden muss, weil er sich selbstständig nicht ausreichend abnutzt.**

Bild 8: **Stark mit Kot verschmutzte Schwanzfedern bei einem Junghuhn, das von starkem Durchfall geplagt wird.**

Wenn Hühner Federn lassen

Ist man mit Kopf, Hals und Kropf des Huhns durch, folgt eine gründliche Untersuchung des Gefieders. Gesunde Hühner wenden jeden Tag einiges an Zeit für die Gefiederpflege auf und sollten dementsprechend ein gut anliegendes, sauberes und, dem jeweiligen Farbschlag entsprechend, gut gefärbtes Gefieder aufweisen. Kahle Stellen, herausragende Einzelfedern und ein allgemein „zerzaust" wirkender Eindruck des Federkleids können darauf hinweisen, dass das Tier in die Mauser kommt, bei Rangordnungskämpfen viel abbekommen hat oder womöglich sogar eine Greifvogelattacke im Freigelände hinter sich hat. In letzterem Fall wird man aber auch Verletzungen entdecken können. Die Lieblingshennen eines Hahns sind häufig über den Rücken hinweg kahl, weil sie öfter bestiegen werden als die anderen Hühner. Wird es zu schlimm, kann man ihnen mit einer speziellen Schutzweste helfen, die den Rücken abdeckt. Abgestoßene Schwanzfedern kommen bei Hennen manchmal vor, wenn die Legenester zu beengt sind, oder bei Hähnen, wenn die Sitzstangen zu nahe an der Wand positioniert sind. In beiden Fällen liegt eine mechanische Beschädigung des Gefieders vor und Abhilfe kann nur eine Veränderung der räumlichen Verhältnisse schaffen.

In allen Teilen des Gefieders können sich Ektoparasiten wie Milben oder Federlinge verstecken bzw. ihre Ausscheidungen hinterlassen. Diesbezüglich sollte dem Blick auf das Aftergefieder höchstes Augenmerk gelten, also jene weichen Federn, die rund um die Kloake des Huhns herum wachsen. Genau dort ist bei einem Befall von Federlingen meistens die Hauptpopulation ansässig, weil das warmfeuchte Klima den Federlingen sehr zusagt. Erkennbar sind Federlinge meist an ihren Ausscheidungen, die an den Federkielen haften.

Die viel zu wenig beachtete Kloake

Die Kloake ist beim Huhn der eine Ausgang, der für alles zuständig ist, ganz gleich ob es sich um Ausscheidungen aus dem Nierenkreislauf und den Gedärmen handelt oder um so etwas Vornehmes wie ein Ei. Dementsprechend wichtig ist es, dass sie in einem guten Zustand ist, und man sollte sich nicht davor scheuen, ihr ebenfalls kurz Aufmerksamkeit zu schenken. Bei einem legenden Huhn ist die Kloake immer etwas geweitet und feucht. Bläst man ein wenig Luft auf die Kloake, reagiert das Huhn mit einem ruckartigen Zusammenziehen des Schließmuskels. Auf keinen Fall soll die Kloake stark verschmutzt oder entzündet sein. Eine stark angeschwollene rote Kloake kann ein Hinweis auf eine mögliche Legenot sein. Legenot bedeutet, dass die Henne ein Ei fertig produziert hat, es aus irgendeinem Grund aber nicht ablegen kann und es somit jetzt den Hinterausgang verstopft. Schafft man keine Abhilfe, wird das Tier daran sterben.

Zeigt her eure Füße!

Zuletzt sei noch den Beinen des Huhns ein wenig Aufmerksamkeit gewidmet. Besonders die weichen Fußballen sind anfällig für kleinere Verletzungen, die manchmal zu ernsthaften Fußballenentzündungen führen können. Ursachen hierfür kann es besonders bei frei laufenden Hühnern viele geben.

Manchmal sind bei schweren Rassen aber auch zu hoch gelegene Sitzstangen schuld, in Kombination mit einem harten Stallboden. Die Fußballen der Tiere tragen dann nämlich Schäden davon, wenn sie von den Stangen zu Boden fliegen und aufgrund des hohen Gewichts wenig elegant landen. Achten sollte man beim Check der Beine auch darauf, ob diese im Allgemeinen angeschwollen wirken. Auch die Krallen sollen stets in Ordnung sein und vor allem nicht zu lang, und schließlich ist es noch ratsam, die Hornschuppen der Beine zu untersuchen. Erste Anzeichen für einen Befall durch Kalkbeinmilben bzw. Fußräude finden sich immer in Form von winzigen, pulverartigen Ausscheidungen zwischen den einzelnen Schuppen der Läufe. Ein stärkerer Befall äußert sich dadurch, dass sich einzelne Schuppen anheben und teilweise anfangen, sich aufzurollen. In ganz schlimmen Fällen wirken die Beine dann bereits auf den ersten Blick stark beschädigt und verkalkt, daher auch der Name „Kalkbeinmilben".

Zehn häufige gesundheitliche Beschwerden beim Huhn

Beenden möchte ich das Thema „Gesundheit" mit wichtigen Informationen zu zehn häufigen Gesundheitsbeschwerden, mit denen sich meiner Meinung nach jeder Hühnerhalter auseinandersetzen sollte, selbst wenn er das Glück hat, einen zuverlässigen Tierarzt stets zur Hand zu haben. Die Bandbreite reicht von Parasiten bis hin zu meldepflichtigen Tierseuchen.

Rote Vogelmilbe

Milben verstecken sich im Hühnerstall in kleinsten Ritzen, zwischen Holzbrettern, Legenestern und nicht selten auch an der Verankerungen der Sitzstangen. In der Nacht, wenn die Hühner ruhen, kommen sie wie kleine Vampire zum Vorschein, klettern auf die Hühner und zapfen Blut. Bei starken Befällen können Einzeltiere durch die nächt-

Bild 9: **Die gut sichtbaren Ausscheidungen weisen auf ein Versteck der roten Vogelmilbe im Hühnerstall hin.**

lichen Blutsauger so stark geschwächt werden, dass sie an den Folgen einer Blutarmut eingehen, abgesehen davon, dass die Milben auch Krankheiten übertragen. Man muss also auf jeden Fall etwas gegen die Quälgeister unternehmen, sobald man einen Befall feststellt. Vorbeugend kann man versuchen, den Milben möglichst alle Versteckmöglichkeiten zu nehmen, was mitunter kaum zu bewerkstelligen ist. Daher ist regelmäßiges Reinigen des Stalls angesagt, und zwar auch mit viel Wasser. Typische Milbenverstecke können abgeflämmt werden oder, noch besser, abgedichtet. Ein empfehlenswertes Stallbaumaterial sind diesbezüglich sicherlich Sandwichpaneele, weil sie im Fall des Falles auch mit dem Dampfstrahler durchgeputzt werden können. Verschiedene Hausmittel, von denen man immer wieder liest, sind beispielsweise Kieselgur, Kokosöl, Laurinsäure und Holzasche. Ich persönlich habe über die Jahre hindurch die bisher besten Erfahrungen mit Milbenmitteln gemacht, die man den Hühnern über das Trinkwasser verabreicht und durch die sie, grob formuliert, für viele Wochen „milbenresistent" werden, wie zum Beispiel bei „Exzolt" der Fall. Erst hatte ich Bedenken, denn schließlich will man seine Tiere ja nicht selbst vergiften, aber die Wirkung war stets phänomenal ohne sichtbares Unwohlsein bei meinem Federvieh. Leider sind solche Präparate oft nur in Großgebinden für hohe Tierzahlen erwerbbar, weshalb sich hier ein Zusammentun mit anderen Hühnerhaltern empfiehlt. Informieren Sie sich beispielsweise beim regionalen Kleintierzuchtverein.

Bild 10: **Dieses Huhn leidet unter einem starken Befall von Kalkbeinmilben bzw. Fußräude und muss behandelt werden.**

Fußräude bzw. Kalkbeinmilben

Kalkbeine werden durch eine kleine Milbenart verursacht, die sich von den Hornschuppen an den Hühnerbeinen ernährt. Meistens sind es nicht die Milben, die man zuerst bemerkt, sondern ihre Ausscheidungen, die sich wie kleine pulverartige Türmchen zwischen den einzelnen Schuppen ansammeln und bei anhaltendem Befall schließlich zu kalkartigen, harten Verkrustungen zusammenwachsen. Unternimmt man nichts, kommt es unter der Kruste schnell zu Entzündungen und Geschwüren, und solche Hühner zeigen bereits auf den ersten Blick stark angeschwollene, verdickte Beine. Keinesfalls darf man die Krusten einfach abpullen, denn dabei verletzt man die Beine zusätzlich und kann starke Blutungen damit auslösen. Der erste Schritt sollte immer das gründliche Einweichen der Verkrustungen mit einem Kriechöl sein. Seit vielen Jahrzehnten schwören Hobbyhalter hierfür auf Ballistol®-Spray. Ballistol® ist ein Kriechöl, das eigentlich aus der Waffenindustrie stammt und sich für die Behandlung von Kalkbeinen als sehr effektiv erwiesen hat. Die Beine betroffener Tiere werden in regelmäßigen Abständen so lange mit dem Spray behandelt, bis sich die Verkrustungen leicht ablösen lassen und die Läufe wieder frei sind. Meistens muss man den ganzen Bestand vorbeugend mitbehandeln, denn die Tiere stecken sich immer wieder

Bild 11: Bei dicht befiederten Rassen können sich Federlinge im gesamten Gefieder gut verstecken und fortpflanzen, weshalb sich regelmäßige Kontrollen empfehlen.

gegenseitig mit den Kalkbeinmilben an. Leider verstecken sich die Milben auch in Ritzen im Stall und in den Legenestern. Begünstigt werden sie von warmen Temperaturen, weshalb brütende Hennen, die drei Wochen lang fast ununterbrochen im Nest sitzen, oft besonders schnell und heftig von den Milben heimgesucht werden.

Federlinge bzw. Federläuse

Federlinge werden auch als Federläuse bezeichnet und zählen zu den lästigsten Ungezieferarten, von denen Ihre Hühner befallen werden können. Die beiden deutschen Namen verraten es schon, die Hauptnahrung der Plagegeister sind Federn, jedoch werden auch Hautschuppen vertilgt und Blutkrusten oder offene Wunden zur „Stärkung" genutzt. Federlinge können sowohl am lebenden Tier als auch auf ausgefallenen Federn überleben, weshalb Sie alte Federn aus Stall und Auslauf regelmäßig entfernen sollten. Am wohlsten fühlen sich Federlinge direkt am Tierkörper, wo sie die Regionen rund um den After der Hühner, aber zum Beispiel auch die geschützten Plätze unter den Flügeln bevorzugen. Hebt man ein befallenes Huhn hoch, spürt man die Federlinge häufig sogleich am Arm herumkrabbeln, was sehr unangenehm ist. Gut sichtbar sind dann oft die Ausscheidungen und die Gelege der Federlinge, die sich direkt am Federansatz bzw. dort, wo die Kiele aus der Haut sprießen, ansammeln und auftürmen. Sie sind oft nur noch durch Einweichen mit ölhaltigen Präparaten oder durch mechanische Entfernung wegzukriegen. Gegen Federlinge bietet der Fachhandel eine Vielzahl von Präparaten, da sie auch bei Stubenvögeln ein häufiges Problem sind. Viele davon sind für eine Anwendung am Nutzgeflügel aber nicht zugelassen. Hilfreiche Hausmittel sind zum Beispiel Speiseöle (Kokosöl, Olivenöl) und Kriechöle wie Ballistol® Animal, die direkt zwischen die Federn auf die Haut der Hühner aufgetragen werden und Verkrustungen aufweichen sowie die Federlinge vergrämen. Außerordentlich anfällig für Federlinge sind übermäßig dicht befiederte Rassen, wie Orpington und Zwerg-Cochin.

Infektiöse Bronchitis

Diese auch als Gumboro-Krankheit bekannte Viruserkrankung rückte erst durch die jüngsten Geschehnisse wieder in den Fokus der Menschen, auch bei Leuten, die selbst keine Hühner halten. Es handelt sich dabei nämlich um ein Virus aus der Gruppe der inzwischen weltberühmten Coronaviren, und zwar um eines der ersten, das wissenschaftlich beschrieben werden konnte. Mit den Coronastämmen, welche die Menschheit seit Ende 2019 auf Trab halten, hat die Infektiöse Bronchitis der Hühner aber dennoch nicht viel zu tun. Es handelt sich hierbei um eine allgegenwärtige Erkrankung des Junggeflügels, mit der jeder Hühnerhalter des Öfteren konfrontiert werden wird, sofern er dem Hobby über Jahre hin-

Bild 12: Augenausfluss und Verklebungen am Schnabel können auf Infektiöse Bronchitis hinweisen.

weg treu bleibt. Am anfälligsten sind die Tiere ab der dritten Lebenswoche bis hin zu einem Alter von drei Monaten. Die Erkrankung kommt aber auch regelmäßig bei Tieren zum Ausbruch, die fast schon das Legealter erreicht haben. Ein erstes Anzeichen kann starker Durchfall sein, denn dieses „Hühner-Corona" führt zu einer Entzündung der Bursa Fabricii, bei der es sich um ein Organ oberhalb der Kloake des Hühnervogels handelt, das für die Immunabwehr zuständig ist. Andere Symptome: Zittern, deutliches Unwohlsein, in Zusammenspiel mit gesträubten Federn. Manche Tiere picken auch auffallend oft nach der eigenen Kloake. Bis zu einem Drittel der Küken sterben nach Ausbruch der Erkrankung, der Rest überlebt geschwächt.

Durch Schädigungen der Eileiter kommt es bei weiblichen Tieren die die Krankheit überlebt haben, trotzdem immer wieder zum vollständigen Ausfall jeglicher Legetätigkeit. Eine Therapie ist momentan nicht möglich, aber man kann die Tiere impfen. Impft man Zuchthennen jedes Jahr, einige Wochen vor Beginn ihrer Legeperiode, geben sie den Schutzstoff auch durch das Ei an ihre Küken weiter.

Marek'sche Krankheit

Die Marek'sche Krankheit wird durch ein Herpesvirus verursacht, das sich auf der Haut des Geflügels ansiedelt und insbesondere die Bereiche rund um die Federkiele schädigt, inklusive der dort ansässigen Nervenstränge. Weil Küken häufig schon in ihrer ersten Lebenswoche vom Virus befallen werden, zählt man Marek zu den typischen Kükenkrankheiten.

Die Übertragung erfolgt überwiegend über Hautschuppen, wobei das Virus in Einstreu, Mist und Stallstaub monatelang überleben kann. So mancher Hühnerhalter hat sich Marek schon beim Kauf von Küken oder Jungtieren in seinen Bestand geholt, denn infizierte Tiere werden häufig erst in einem Alter zwischen zwei und sechs Monaten verhaltensauffällig. Die Symptome sind meiner Meinung nach für einen Laien nur schwer zuzuordnen, denn sie reichen von Durchfall und Atembeschwerden über befremdliche Bewegungsmuster beim Laufen bis hin zu regelrechten Lähmungen von Beinen und Flügeln sowie Augenveränderungen. Die höchste Sterblichkeit findet sich zwischen der 10. und 20. Lebenswoche und liegt dann bei bis zu 50 Prozent. Möchte man impfen, sollte man das spätestens bis zum 3. Lebenstag der Küken in die Tat umsetzen. Geimpft wird hier durch eine Injektion. Bis zu einem gewissen Grad können Naturbrutküken durch den Kontakt zum Muttertier eine Immunität gegenüber Marek aufbauen.

Bild 13: **Die Rasse Sebright gilt als besonders anfällig für Marek. Dieser kerngesunde Sebright-Hahn wurde darum schon als Küken geimpft.**

Newcastle

Diese von einem Paramyxovirus übertragene Krankheit wird zu deutsch auch als atypische Geflügelpest bezeichnet und ist in Deutschland und Österreich meldepflichtig. In Deutschland besteht für dieses Virus außerdem eine gesetzlich vorgeschriebene Impfpflicht, die auch für Österreich jederzeit wieder verordnet kann, wenn neue Fälle im Land auftreten. Es gibt grob zwei verschiedene Impfpläne für Newcastle, aber die meisten Züchter impfen in einem vierteljährlichen Rhythmus, ab der 6. Lebenswoche. Besprechen sollten Sie die genaue Vorgehensweise mit Ihrem Amtstierarzt. Newcastle gehört zu den unheilvollsten Seuchen der Geflügelwelt und kann große Bestände innerhalb weniger Tage befallen. Zumeist sind größere Herden mit ausgewachsenen Legehennen betroffen. In solchen Beständen bemerkt der Besitzer häufig zunächst einen starken Abfall der Legeleistung, dem in der Regel aber schon gehäuft auftretende Windeier als Indiz vorangehen. Die Tiere selbst zeigen beispielsweise fieberartige Symptome, haben Atembeschwerden, geben angestrengt krächzende oder klägliche Laute von sich und haben meist auch Durchfall. Wenn der Kreislauf schließlich immer schwächer wird, verfärben sich die Kämme der Hennen zunehmend ins Bläuliche. Alle diese Symptome können auch bei anderen Beschwerden vorkommen. Eindeutiger sind da schon die deutlich erkennbaren Eiterherde im Rachenbereich bei vielen Newcastle-Opfern, und allerspätestens, wenn Sie solche bei Ihren Tieren feststellen sollten, ist die Lage ernst und eine offizielle Meldung unumgänglich.

Geflügelpest bzw. Vogelgrippe (H5N1 und H5N8)

Die Vogelgrippe, auch als „Klassische Geflügelpest" oder „Aviäre Influenza" bezeichnet, mag zwar meistens in großen Geflügelbetrieben ausbrechen, bereitet aber allen Hühnerhaltern Schwierigkeiten, und zwar immer dann, wenn sie zu behördlich verordneten Stallpflichten führt. In manchen Regionen ist das alle paar Jahre der Fall, in anderen kommt es zuverlässig alljährlich, zumeist in den Wintermonaten, zu dieser „Ausgangssperre für Hausgeflügel". Besonders gefährdet sind alle Gebiete, in denen Zugvögel überwintern oder auf ihren Zugstrecken in großer Zahl rasten, aber gegeben hat es Stallpflichten grundsätzlich schon überall im deutschsprachigen Raum. Das hochansteckende Influenzavirus ist dafür bekannt, dass es leicht zwischen verschiedenen Vogelarten wechselt und zum Beispiel von Enten, Gänsen und Schwänen auf Puten und Hühner überspringt. Die zusammengepferchten Tiere in den Großbetrieben sterben besonders schnell und es wurden hier schon Mortalitätsraten von 100 Prozent festgestellt. Zuerst fällt bei Tieren in betroffenen Beständen häufig auf, dass sie zu torkeln beginnen, dann werden sie apathisch und regelrecht teilnahmslos, bis sie sich schließlich kurz vor ihrem Tod gar nicht mehr bewegen. Zuvor scheiden sie aber noch aus Schnabel und Kloake den hochansteckenden Erreger in großer Zahl aus, und dass eine derart aggressive Seuche anzeigepflichtig ist, erklärt sich angesichts dieses dramatischen Krankheitsverlaufs von selbst. Wenn Sie von Anfang an verhindern möchten, dass ihren Hühnern der Freilauf im Fall des Falles monatelang verwehrt bleibt, können Sie schon beim Stallbau eine vogelgrippekonforme Frischluftvoliere einplanen. Diese Kompromisslösungen müssen für den Ernstfall so beschaffen sein, dass Wildvögel keine Chance haben, durch Gitter oder Schutznetze zu den Hühnern zu gelangen. Auch darf man Hühner per Gesetz kein Trinkwasser oder Futter im Außenbereich anbieten, wenn auch Wildvögel an die Futterstellen herangelangen können.

Legenot und Kloakenvorfall

Ein Huhn, das an Legenot leidet, verweilt zunächst einmal überdurchschnittlich lange im Legenest und versucht verzweifelt, das im Legedarm fest steckende Ei abzulegen. Gelingt es dem Tier nicht, wird es schon bald deutliche Anzeichen von Unwohlsein zeigen, das Nest möglicherweise verlassen und durch die Schmerzen eine zusammengekauerte Haltung einnehmen. Oft stehen die Tiere dabei unnatürlich aufgerichtet da und drücken das Hinterteil zu Boden. Diese sogenannte Pinguinhaltung ist ein besonders verlässliches Anzeichen für eine ernste Legenot. Nun muss man handeln! Zuerst braucht das Tier eine warme Umgebung, denn Wärme hilft zu entspannen. Häufig ist der Bereich um die Kloake bereits sehr stark angeschwollen und man kann das Ei ertasten und unter Umständen mechanisch lösen, indem man den Bereich rund um die Kloake sanft, aber mit gezieltem Druck massiert. Dazu bestreicht man

Bild 14: Deformierte und übergroße Eier können zu Legenot und Kloakenvorfällen führen. Häufige Ursachen sind Calciummangel und Eileiterentzündungen.

sie am besten zusätzlich mit etwas Speiseöl. Kann sich das Ei dennoch nicht lösen, hilft nur noch der Gang zum Tierarzt. Häufig hatten betroffene Hennen vorab schon eine Eileiter- bzw. Legedarmentzündung oder einen extremen Calciummangel, wodurch die Legenot überhaupt erst verursacht wurde. Zu dieser Hühnerberufskrankheit passt auch der Kloakenvorfall, bei dem sich der Innenteil des Legedarms bei der Eiablage von der Darmwand löst und sich dann nach außen stülpt. Auch hier muss man handeln, um das Tier nicht zu verlieren! Der erste Schritt ist die Isolation des betroffenen Tiers vom Rest der Gruppe, damit andere Tiere nicht an seiner Kloake herumpicken.

Mineralstoffmangel

Insbesondere Hennen von Legrassen und Hybridhühnern mit hoher Legeleistung leiden gegen Ende ihrer ersten Legeperiode nachweislich häufig an einem heftigen Mineralstoffmangel. So fehlt ihnen zum Beispiel Calcium, was wiederum die Ursache für Legenot und Eileiterentzündungen sein kann. Auch Osteoporose ist eine häufige Folgeerscheinung, mit der solche Hühner zu kämpfen haben. Im Ernstfall kann die Osteoporose dann sogar zu Verletzungen führen, weil Hennen sich immer wieder das Brustbein brechen, wenn sie zwischen Sitzstangen hin und her fliegen. Schon ein gutes Mineralfutter, das den Tieren immer zur Verfügung steht, kann gute vorbeugende Dienste leisten. Noch gezielter kann man Calcium und andere wichtige Mineralien aber auch über das Trinkwasser verabreichen. Im absoluten Notfall, zum Beispiel wenn völlig ausgemergelte Hybridhühner aus Legebetrieben gerettet wurden und wieder aufgepäppelt werden sollen, ist es auch möglich, entsprechende Injektionen vom Tierarzt verabreichen zu lassen. Ein selbst anbaubares Grünfutter für den Winter, mit besonders hoher Bioverfügbarkeit von Calcium, wäre übrigens der Grünkohl (*Brassica sabellica*).

Mauser

Die Mauser gehört zum Vogelleben genauso dazu wie das Eierlegen und ist keine Krankheit, auch wenn mausernde Hühner oft einen bemitleidenswerten Eindruck machen. Federn verschleißen selbst unter den besten und tiergerechtesten Haltungsbedingungen fortlaufend und werden deshalb einmal im Jahr erneuert. Hühner kommen nach ca. einem Jahr zum ersten Mal in die Vollmauser und erneuern dann über Wochen hinweg, Schritt für Schritt, ihr gesamtes Gefieder. Weil sie während dieser Zeit auch für längere Zeit mit dem Eierlegen aufhören, endet in der Industrie spätestens zu diesem Zeitpunkt ihr Leben auch schon wieder. Man wartet nicht darauf, dass die Legehennen nach der Mauser wieder mit dem „Eierproduzieren" beginnen, sondern tauscht sie stattdessen einfach durch „fabrikneue" Junghennen aus. So berechnend und profitorientiert wollen wir Halter von glücklichen

Bilder 15 und 16: Wenn Hühner gezielt Federn fressen, kann das ein deutlicher Hinweis auf einen starken Mineralstoffmangel sein.

Hühnern mit unseren Tieren nicht umgehen! Wir helfen unseren Hühnern, indem wir ihnen während der Mauser viel Ruhe gönnen und sie mit einer möglichst abwechslungsreichen Ernährung unterstützen. Je ausgewogener die Ernährung während der Mauser ist, desto leichter tut sich der Stoffwechsel des Huhns damit, die Strapazen der Mauser zu bewältigen. Im Kapitel über die Hühnerfütterung finden Sie daher auch spezielle Tipps von mir zur Fütterung während der Mauser.

Bilder 17 und 18: Diese Sulmtaler-Hühner befinden sich gerade in ihrer ersten Vollmauser.

Bild 19: Der mausernde Zwerghahn wartet noch darauf, dass ihm sein schönes Schwanzgefieder wieder nachsprießt.

„Impfen JA oder NEIN?"

Es gibt Impfungen, die in der Hühnerhaltung durchaus sinnvoll sind, insbesondere dann, wenn Sie auch Nachzuchten verkaufen oder Ihre Tiere zumindest auf Geflügelausstellungen präsentieren möchten. Die wichtigsten Impfungen umfassen Infektiöse Bronchitis, Infektiöse Laryngotracheitis, Marek'sche Krankheit, Newcastle, Weiße Kükenruhr und die Kokzidiose. Es ist in Sachen Impfen immer von Vorteil, Mitglied in einem Zuchtverein zu sein, denn viele Vereine helfen ihren Mitgliedern beim Organisieren der Impfungen.

Hühner mit anderen Haustieren gemeinsam halten

Siehe Folge 53!

Seit jeher kommen frei laufende Haushühner auch mit anderen domestizierten Haustieren in Kontakt und es kann darum recht interessant sein, mal einen Blick darauf zu werfen, mit welchen Tieren die Hühner „Freundschaft" schließen und welche Tierarten als Nachbarn ernsthaft Probleme bereiten können. Mit überraschend vielen Tieren ist ein harmonisches bis „ignorantes Nebeneinander" möglich, wenn die räumlichen Gegebenheiten dafür günstig sind. Manche Fälle sind aber von vornherein hoffnungslos. Da Hunde und Katzen ihre Nase vorn haben, wenn es darum geht, in der Hühnerschar für Furore zu sorgen, werde ich den Schwerpunkt in diesem Kapitel auf die beiden besten Freunde des Menschen legen.

Anderes Hausgeflügel + Hühner – Viele Nachteile, aber auch ein großer Vorteil

Den bunten Geflügelhof gab es schon anno dazumal, und auch heute noch scheint es besonders naheliegend zu sein, Hühner mit anderem Hausgeflügel zu vergesellschaften. Von einer gemeinsamen Haltung im Stall rate ich aus hygienischen Gründen bei allen Geflügelarten ab. Enten und Gänse machen mit ihren flüssigen Ausscheidungen sehr viel Dreck und verschmutzen den Hühnerstall schnell. Puten, Pfauen und Perlhühner vertragen sich in großen Ställen zwar super mit Hühnern, sind aber

Bild 1: **Die gemeinsame Aufzucht verschiedener Geflügelarten, hier sind es Pfauen- und Hühnerküken, empfiehlt sich nur bedingt, weil Krankheitserreger zwischen den Arten wechseln können.**

leider so nahe mit ihnen verwandt, dass auch das Austauschen verschiedener Krankheitserreger nur allzu gut klappt, wenn enger Kontakt besteht. Das Paradebeispiel dafür ist die Schwarzkopfkrankheit, an der jedes Jahr viele Tiere verenden, meist ohne dass die Halter sich der Ursache jemals bewusst werden. Wenn sich Hühner den Freibereich mit anderem Geflügel teilen sollen, so ist auf Auslaufhygiene zu achten. Am besten klappt es, wenn alle Tiere völlig frei laufen dürfen oder wenn das Prinzip der

Bild 2: Auf dieser großen Streuobstwiese leben weiße Sulmtaler mit Fränkischen Landgänsen friedlich gemeinsam.

Bilder 3 und 7: Puten, hier Cröllwitzer, wirken abschreckend auf Greifvögel und fungieren auf bunten Geflügelhöfen daher traditinell als Bodyguards für die Hühnerschar.

Bilder 5 und 6:
Bretonische Zwergschafe teilen sich eine große Weidefläche erfolgreich mit den robusten Yokohama-Hühnern.

Wechselweide betrieben wird, sodass die Flächen nie „geflügelmüde“ werden. Viele Geflügelhalter haben die Erfahrung gemacht, dass Gänse und Puten schon im halbwüchsigen Alter an Hühner gewöhnt werden müssen. Anderenfalls kann es nämlich zu tödlichen Auseinandersetzungen kommen, bei denen die Hühner das Nachsehen haben, weil sie körperlich unterlegen sind. Gerade die Größenunterschiede bringen aber auch den einen großen Vorteil eines Zusammenlebens von Hühnern mit Gänsen und Puten zum Vorschein. Das Großgeflügel wirkt abschreckend auf Greifvögel, Katzen und Hunde und kann dadurch als „Hühner-Security“ fungieren. Verschiedene Geflügelarten warnen sich bei Gefahr auch gegenseitig, und ich konnte auf einem bunten Geflügelhof schon beobachten, wie Perlhühner auf die Warnrufe von Pfauen reagierten und damit wiederum mehrere Hähne und Hennen dazu brachten, den Rest ihrer Truppe zu alarmieren. Vorsicht ist aber auch bei bester Harmonie immer dann geboten, wenn Gänse, Perlhühner oder Puten Nachwuchs haben, denn in dieser Zeit sind sie aggressiver und ständig auf Krawall gebürstet. Ein beliebtes Hausgeflügel, das übrigens unter keinen Umständen mit Hühnern zusammenleben sollte, ist die Japanische Legewachtel. Hier sind die Unterschiede in Größe und Verhaltensweise zu extrem. Die Wachteln haben hier immer das Nachsehen.

Weidetiere + Hühner – Ein ignorantes Nebeneinander

Wer auf einem Bauernhof lebt, hat vielleicht auch Rinder, Schafe, Ziegen oder Pferde auf den Weiden, und man kann dann fast nicht verhindern, dass frei laufende Hühner den Großtieren auch mal einen Besuch abstatten. In aller Regel verlaufen solche Begegnungen friedlich und die Hühner sind nicht ernsthaft in Gefahr. Gerade Rinder und Pferde können ein Huhn aber schon allein aufgrund ihres hohen Gewichts stark verletzen oder töten und müssen dafür noch nicht einmal absichtlich nach ihm treten. Hühner sollten daher möglichst keinen Zugang zu deren Stallungen haben, denn unter beengten Verhältnissen kommt es am ehesten zu Vorfällen. Schafe dürfen sich nicht selten ein Freigehege mit Hühnern teilen, weil sie als lebende Rasenmäher für niedrigen Bewuchs und eine dichte Grasnarbe sorgen, was den Hühnern gerade bei nassem Wetter zugutekommt. Auch hier ist aber Hygiene und eine gute Pflege der Weide vonseiten des Halters oberstes Gebot, denn es gibt Parasiten, die von Schafen auf Hühner übergehen können.

Katzen + Hühner – Alles ist möglich

Katzen sind Raubtiere, aber nur geringfügig größer als die meisten Hühner, und darum können Begegnungen zwischen diesen beiden Tierarten sehr unterschiedlich verlaufen. Viele Katzen haben vor Hühnern anfangs einen gehörigen Respekt und machen sogar einen breiten Bogen um sie. Andere

Bild 7: Perlhühner sind erstaunlich aggressiv und dürfen nur bei gutem Platzangebot mit Hühnern in der WG leben.

Bild 8: Dieser Border-Collie-Welpe möchte Kontakt zu einer Schar Sulmtaler-Küken aufnehmen. Je früher Hunde lernen, dass Federvieh für sie tabu ist, desto besser.

mutieren schlagartig zu gnadenlosen Jägern, wenn Hühner auf der Bildfläche erscheinen. Für frei laufende Küken, aber auch für Miniaturhühner, wie Chabos, Seramas und Bartzwerge, besteht immer eine gewisse Gefahr, wenn sie auf die falsche Katze treffen. Das Problem muss in solchen Fällen nicht zwangsläufig der hauseigene Stubentiger sein, denn fast immer gibt es in der Nachbarschaft noch weitere Freigängerkatzen. Ein katzensicheres Freigehege bewährt sich darum für Küken und Zwerghühner immer wieder und unter Aufsicht kann das kleine Hühnervolk dann ja dennoch frei im Garten herumlaufen. Erfreulicherweise gibt es Beispiele für Katzen, die eindeutig gelernt haben, dass sie auch dem kleinsten Hausgeflügel nichts anhaben dürfen. Da können Küken samt Glucke vor ihrer Nase vorbeispazieren, ohne dass der Jagdinstinkt durchkommt. Das verblüfft den Beobachter umso mehr, wenn dieselbe Katze eine halbe Stunde später mit einer frisch erbeuteten Maus im Fang ums Eck spaziert. Katzen sind lernfähiger, als es ihnen üblicherweise zugetraut wird.

Hunde + Hühner – Von Unruhe bis Eintracht

Unzählige Hühner haben wohl schon aufgrund von Hundeattacken ihr Leben lassen müssen. Frei laufende Hühner – sofern sie es nicht anders gelernt haben – üben auf die meisten Hunde eine ungeheure Faszination aus. Ob sie nur spielen wollen oder Ernst machen und in den Jagdmodus wechseln, spielt für die Hühner dabei keine große Rolle, denn sie können schon froh sein, wenn sie bei einem Hundeangriff nur ein paar Schwanzfedern einbüßen. Fremde Hunde, die sich von der Leine reißen, werden für Freilandhühner immer eine gewisse Gefahr bedeuten, da hilft an viel frequentierten Orten nur ein Zaun. Was den eigenen Hund anbelangt, so kann man aber mit einer klaren Hand, also einer zielgerichteten Erziehung, fast immer längerfristig für ein harmonisches Miteinander sorgen. Natürlich wird es immer Exemplare geben, die man ohne Aufsicht nicht mit den Hühnern allein lassen kann, und die Rasse spielt dabei eine viel geringere Rolle, als viele denken. Selbstredend ist es immer am besten, wenn schon der junge Hund den angemessenen Kontakt zu seinen gefiederten Mitlebewesen erlernt. Wer schon als Welpe mal eins auf die Schnüffelnase bekommen hat, von einer erbosten Hühnerglucke oder einem fauchenden Ganter, der hat in der Regel auch später mehr Respekt. Trotzdem kann der Hundebesitzer jederzeit die gute Arbeit wieder zunichtemachen durch falsche Signale oder mangelnde Kontrolle. Hunde sollen das Federvieh am besten in Ruhe lassen.

Sonderfall Treib- und Hütehunde

Hunden aus der beliebten Gruppe der Treib- und Hütehunde haftet immer noch das Image an, dass sie mit anderen Tierarten arbeiten müssten, um glücklich zu sein. Über Schafherden allein ist man bei den „Arbeitsübungen" dabei längst hinausgekommen, und so gibt es inzwischen auch einige viel gesehene Internetvideos, in denen Hühner, Gänse oder Laufenten zumeist von Border Collies oder Australian Shepherds „gezielt" herumgescheucht werden. Dass das Geflügel bei solchen Vorführungen meist sehr gestresst wirkt, scheint kaum jemandem der Zuschauer aufzufallen. Alle finden nur die Hunde toll und viele Tierhalter animiert so was dann sogar noch zum Nachmachen. Wenn man sich einmal dazu hinreißen lässt, solche Treibarbeiten mit den eigenen Tieren zu veranstalten, ist die Chance auf ein entspanntes Miteinander leider oft für lange Zeit vertan. Hühner müssen nicht abends von einem aufgeregten Hund in den Stall getrieben werden oder gar schon morgens von ihren Stangen „gefegt". Sie sind bei guter Haltung von sich aus standorttreu und gehen auch zum Schlafen selbstständig an ihre vertrauten Wohlfühlplätze. Das Einzige, was sie bei den Lektionen lernen, ist Hunde zu fürchten! Letztlich fühlt sich auch der Hund bei den Hühnern wohler, wenn er sie nicht mit einer Aufgabe in Zusammenhang bringt. Wie gut es gerade mit einem angeblich so schwierigen Hütehund laufen kann, konnten „Happy Huhn"-Zuschauer schon mehrmals beobachten. Mein gelegentlicher YouTube-Co-Moderator Zeus ist ein Border Collie × Australian-Shepherd-Mischling und er liebt es, ruhig zwischen den Hühnern an meiner Seite zu sitzen, wenn ich Videos anmoderiere. Die Hühner laufen dabei um ihn herum und werden nur beachtet, wenn sie dem Hund zu sehr auf die Pelle rücken, also ihn zum Beispiel frech in die empfindliche Nase picken. Möglich ist das, weil Zeus schon als Welpe gelernt hat, dass die Hühner als Spielkameraden tabu sind und ausschließlich dem Menschen gehören. Egal wie goldig und harmlos es anfangs auch aussehen mag, wenn ein tapsiger Welpe einem Huhn hinterherrennt, man darf in solchen Situationen nicht nachsichtig mit der kleinen Schnüffelnase sein.

9

Bilder 9 und 10: **Zeus, der „Happy Hund", beweist immer wieder aufs Neue, dass ein Miteinander von Hund, Hühnern und anderen Tierarten prima gelingen kann.**

10

Hühner zähmen: So gewinnt man das Vertrauen eines Huhns

Siehe Folge 39!

Nach meinen Erfahrungen lassen sich die Berichte von besonders zahmen Hühnern fast immer bestimmten Rassen zuordnen. Holländische Haubenhühner, Orpingtons, Zwerg-Cochin, Bielefelder Kennhühner, Brahma, Seidenhühner, Jersey Giants und nicht zuletzt die braunen Hybridhühner tauchen regelmäßig in schwärmerischen Berichten über „unfassbar zahmes" Federvieh auf.

Die Rasse macht den Unterschied

Wie zahm ein Huhn werden kann, hängt verblüffend stark damit zusammen, zu welcher Rasse es gehört, das lässt sich nur schwer leugnen. Die genannten Rassen sind von Grund auf ruhig, ausgeglichen und wenig schreckhaft. Man könnte sagen, sie sind genetisch darauf programmiert, dem Menschen gegenüber wenig Argwohn zu zeigen, und erinnern mich damit in ihrem Verhalten an den berühmten Dodo von der Insel Mauritius. Er starb aus, weil er zu unbekümmert war und Seefahrer ihn mit der Hand einfangen konnten. Tausende Dodos landeten so als lebender Reiseproviant auf Schiffen.

Bild 1: Diese Henne der Rasse „Moderner Englischer Zwerg-Kämpfer", fühlt sich in Menschennähe pudelwohl.

Bild 2: Seramas sind neugierig und fast schon aufdringlich, wenn man sich regelmäßig mit ihnen abgibt.

Bild 3: Nur wenige Hühner bleiben so gelassen auf einer Schulter sitzen, wie meine YouTube-Zwerg-Wyandotte Amanda.

Bilder 4 und 5: Zwerg-Hamburger und Ayam Cemani sind zwei gute Beispiele für lebhafte, nervöse Rassen, die nur mit viel Geduld handzahm werden.

Warum Wildfänge früher wichtig waren

Das extreme Gegenteil zu den sanftmütigen Hühnerrassen sind jene, die sich noch nahezu wie Wildhühner verhalten. Für sie ist jedes Einfangen eine Stresssituation, und nur wer sich fortlaufend mit ihnen beschäftigt, hat eine Chance, ihr Vertrauen zu gewinnen. Solche Rassen sind heute selten, weil sie viel Platz und etwas mehr Know-how erfordern. Ich denke da zum Beispiel an die quicklebendigen und stets fluchtbereiten Steinpiperl aus meiner Heimat Österreich, die vielen „betriebsamen" Mittelmeerrassen wie Penedesenca, Andalusier und Minorca oder das flatterhafte Friesenhuhn, das schon mal in den nächsten Baum fliegt, wenn ein Fremder die Szene betritt. Nahezu sämtliche alten europäischen Landhuhnrassen waren einst halbwild in ihrem Verhalten und sind es zum Teil auch heute noch. Verantwortlich dafür, dass unser Geflügel hierzulande nie vollständig domestiziert wurde, war die traditionelle Haltungsform. Sie erlaubte es den Tieren fast immer, halbwild auf den Höfen und in den Siedlungen herumzulaufen. Die Hühner mussten sich nicht nur einen Teil ihres Futters selbst suchen, sondern wurden selbsterklärend auch regelmäßig mit ihren Feinden wie Habicht, Fuchs, Katze und Hund konfrontiert. „Verschlafene" und träge Exemplare hatten da auf Dauer keine Chance, sich im Genpool zu verewigen. Geändert hat sich das im Wesentlichen erst im Lauf des 19. Jahrhunderts. Damals erlebte die Rassezucht ihre Hochblüte und die Haltungsbedingungen wurden immer besser, sodass man auch auf die Besonderheiten einzelner Rassen stärker einging. Neuankömmlinge mit ruhigem Wesen, besonders jene aus Fernost, bekamen große Aufmerksamkeit. Die Leute kannten so eine „blauäugige" Zutraulichkeit von ihren angestammten Hühnerrassen nicht und waren begeistert.

Bild 6: „Die dreisten drei": Zwerg-Cochin, Paduaner und Zwerg-Kämpfer sind besonders leicht mit Leckerbissen zu bestechen, wie hier mit selbst gebackenen Hühnermuffins.

Bild 7: Gegarter Grünkerndinkel mit Wildkräutern lockt die Zwerghühner an die Menschenhand heran. Solche Leckerbissen sind zugleich gesund für die Hühner.

Schritt für Schritt zum „Kuschelhuhn"

Viele Hühnerrassen sind heute weder extrem zutraulich noch extrem wild, sondern liegen in ihrem Wesen irgendwo dazwischen. Sie haben durchaus das Potenzial dazu, zahm zu werden, jedoch nur, wenn man ein paar Dinge beherzigt. Im Fortlaufenden möchte ich Ihnen daher in ein paar Punkten schildern, wie man das Eis brechen kann, wenn neue Hühner eingetroffen sind: Verhalten Sie sich stets ruhig, wenn Sie das Gehege oder den Stall der Hühner betreten, und sprechen Sie mit gelassener und freundlicher Stimme zu den Tieren. Tragen Sie, wenn Sie bei den Tieren sind, möglichst immer dieselbe Jacke oder denselben Pullover. Hühner beruhigen sich bei diesem vertrauten Anblick schneller, können aber umgekehrt auch in Panik geraten, wenn Sie optisch einmal ganz anders „daherkommen" als sonst. Fangen Sie die Hühner in den ersten Tagen möglichst nur dann ein, wenn Sie sie leicht erwischen. Veranstalten Sie keine wilden Verfolgungsjagden, denn solche traumatischen Erlebnisse können die ersten „Vertrauensbrücken" schnell wieder einreißen. Liebe geht bei Hühnern durch den Magen. Nichts macht Hühner schneller handzahm als erlesene Leckerbissen, die sie aus der menschlichen Hand holen. Geschälte Sonnenblumenkerne, gekochter Reis, Spaghetti ohne Soße, Hirse oder die kaum übertreffbaren Mehlwürmer lassen das Eis schnell brechen. Hühnern, die anfangs noch etwas mehr auf Distanz gehen, kann man zunächst etwas Naturjoghurt auf einem langstieligen Kochlöffel anbieten. Haben sich die Hühner an das Füttern von Hand gewöhnt, kann man sie selbst auf die Idee kommen lassen, „den Halter zu betreten". Man setzt sich beispielsweise auf den Boden und hält das Futter so hin, dass die Tiere auf den Schoß fliegen müssen, um die Leckerbissen zu erreichen. Oder, noch besser, man hält ihnen einen Arm als Sitzgelegenheit hin. Womöglich endet die Kletterpartie dann sogar auf der Schulter!

Sitzen Hühner erst einmal freiwillig auf dem Arm oder auf der Schulter, kann man versuchen, mit ihnen kleine Spaziergänge zu machen. Wenn sie sitzen bleiben, fühlen sie sich wohl, und es macht ihnen meistens auch nichts mehr aus, wenn man sie festhält, um zum Beispiel einen Gesundheitscheck zu machen.

Bunte Kükenschar verschiedener Rassen, wie Augsburger, Sulmtaler, Marans und Bielefelder.

ERLESENE HÜHNERRASSEN NÄHER VORGESTELLT

VORWORT ZU DEN RASSEN

Als großer Hühnerfreund habe ich selbst eine umfangreiche Sammlung an Hühnerbüchern zu Hause. Viele davon stammen aus dem deutschsprachigen Raum, aber mindestens ebenso viele wurden von Niederländern, Briten oder Amerikanern geschrieben. Ganz gleich, woher diese Bücher kommen und wie unterhaltsam sie geschrieben sind, fast immer wird die Form plötzlich steckbriefartig und „lieblos korrekt", sobald es um die Hühnerrassen geht. Da diese genormten und zweckmäßigen Rassebeschreibungen schon zur Genüge im Umlauf sind, möchte ich Ihnen hier lieber 20 erlesene Hühnerrassen etwas ausführlicher näherbringen, anstatt 50 Rassen im Schnelldurchlauf „abzuklappern". Es sind dies sämtlich geschichtsträchtige, alte Rassen, die entstanden sind, bevor die moderne Geflügelzucht das Huhn endgültig zum Turbo-Hochleistungstier auserkoren hatte.

Einige der auserwählten Rassen, wie beispielsweise Steinpiperl, Sandschak Kräher und Schwedische Blumenhühner, sind kaum bekannt, weil sie keinen Standard für Geflügelausstellungen haben. Andere Rassen haben richtige Erfolgsstorys und daher Klassiker in der Hühnerwelt, wie etwa die Amrocks oder die Zwerg-Wyandotten. Auch Zweinutzungsrassen, sprich Rassen für Selbstversorger, habe ich an Bord genommen, wie Marans, Dorkings und Sulmtaler, denn der Selbstversorger wird heute nicht selten auch zum Erhaltungszüchter. Die japanischen „Yokohamas" oder die schweizerischen „Appenzeller Spitzhauben" hingegen wären wieder Paradebeispiele für Zierrassen, bei denen es um die optische Perfektion ihrer Erscheinung geht. Am Ende einer jeden Rassevorstellung finden Sie noch den Absatz „Besonderheiten in der Haltung", in dem ich bewusst auf rassebezogene Probleme und Herausforderungen eingehe, die sich durch die Haltung der jeweiligen Rasse für Sie in der Praxis ergeben können. Weil es zu jedem meiner 20 Rasseporträts auch ein begleitendes Video gibt, haben Sie hier die Möglichkeit, alle diese unterschiedlichen Hühner auch noch direkt „in Aktion" zu erleben. So bekommen Sie ein umfangreiches Bild von jedem dieser bemerkenswerten Hühner und finden vielleicht auch die eine Rasse, die zu Ihren Anforderungen bestens passt.

Bild 1: Altsteirer-Henne mit typischem Federschopf am Hinterkopf.

Bild 2: Altsteirer-Hahn im seltenen Farbschlag „Gesperbert".

Bild 3: Altsteirer können gut fliegen. Dieser Hahn bevorzugt zum Krähen das Stalldach.

Bild 4: Wildbraune Altsteirer sind im Auslauf stets gut getarnt.

Bild 5: Eine weiße Altsteirer-Glucke führt ihre muntere Kükenschar über den Bauernhof.

Altsteirer Hühner ZURÜCK ZUM ALTHERGEBRACHTEN

Siehe Folge 55!

Wenn man in Österreich aufwächst und sich für alte Haustierrassen interessiert, kommt man am Altsteirer Huhn nicht vorbei. Lange Zeit dachte ich, dieses robuste Landhuhn wäre eine vergleichsweise häufige Rasse, doch vor Kurzem wurde die Liste der offiziell erfassten mitteleuropäischen Hühnerrassen in überarbeiteter Version veröffentlicht, und dabei sprangen mir die Altsteirer sofort ins Auge. Sie waren als „stark gefährdet" markiert! Würde das Altsteirer-Huhn aussterben, wäre das ein großer Verlust für die Rassevielfalt der österreichischen Hühnerzucht, denn nur wenige andere Rassen lassen sich so weit zurückverfolgen. Schon in meinem ältesten Hühnerbuch aus dem Jahr 1917 werden diese Hühner so wie heute als „Altsteirer-Hühner" bezeichnet, sie waren also schon aus der damaligen Sicht eine alte, traditionelle Rasse, die man offensichtlich als etwas erachtete, das „immer schon da gewesen" ist. Die Altsteirer verkörpern zweifellos einen recht unverfälschten und ursprünglichen Landhuhntyp, was sich besonders in der bei dieser Rasse typischen wildbraunen Farbe äußert, die bei den Hühnern vergangener Jahrhunderte regelmäßig auftrat. Althergebracht ist auch der kleine Federschopf (kleine Haube), der sich auf dem Hinterkopf der Tiere befindet. Ebensolche Schöpfe finden sich bei vielen Landhühnern des 18. und 19. Jahrhunderts, wie man leicht feststellen kann, wenn man sich zeitgenössische Hühnerhofgemälde ansieht. Größere Federhauben waren früher nicht gefragt, weil sie das Sichtfeld der Hühner, die früher ja meistens frei herumlaufen durften, stark einschränkten. Kleine Federschöpfe hingegen erwiesen sich diesbezüglich nicht als hinderlich und dürften wohl den Hühnerhaltern vergangener Tage optisch gefallen haben. Man sagt aber auch, dass sie den frostempfindlichen

Kämmen der Hühner einen gewissen Kälteschutz bieten. Altsteirer sind wetterhart, langlebig und haben gute Instinkte. Bemerkenswert ist die gute Futterverwertung, daher das positive Verhältnis zwischen Futteraufwand und Legeleistung bei den Hennen. Viele Stämme legen weit über 200 Eier im Jahr, und bei Leistungsprüfungen in Bayern soll es einst sogar Altsteirer-Hennen gegeben haben, die die 280-Stück-Marke erreichten. Die Entwicklung des an sich stark vorhandenen Bruttriebs hängt bei den Altsteirern nach den Erfahrungen mehrerer Altsteirer Züchter aus meinem Freundeskreis direkt mit der Haltungsform zusammen. Je natürlicher und somit „artgerechter" man seine Altsteirer hält, desto größer ist die Chance, dass einige Hennen im Frühling auch brüten wollen. Eingesperrt in kleine Gehege fühlt sich diese Rasse anscheinend nicht wohl genug, um sich fortpflanzen zu wollen, und erinnert damit an so manches bedrohte Wildtier im Zoo. Gewiss lassen sich aus dieser Beobachtung Schlüsse für andere alte Landhuhnrassen ziehen, die ihren Bruttrieb vermeintlich verloren haben. Altsteirer sind heute zweifellos in der wildbraunen Farbe am bekanntesten, es gab sie jedoch schon früher in vielen weiteren Farben. Durchgehend existiert haben neben den wildbraunen allerdings nur die weißen Altsteirer bis in unsere Zeit. Alle anderen Farben gingen bis zur Mitte des 20. Jahrhunderts hin verloren und konnten erst später wieder rückgezüchtet werden, dank ähnlicher Hühnerpopulationen in den östlichen Nachbarländern Österreichs. So gibt es heute wieder schwarze, blaue und gesperberte Altsteirer, obgleich diese so selten sind, dass man sie fast als „Liebhaberstücke" bezeichnen möchte. Die Zwerg-Altsteirer, eine züchterisch verkleinerte Variante, wiegen im Schnitt um 1 Kilo herum, während die üblichen großen Altsteirer sich meistens im Bereich zwischen 2 und 3 Kilo bewegen.

Besonderheiten in der Haltung: Als naturbelassene Rasse stellen Altsteirer, verglichen mit anderen Rassen, keine unerfüllbaren „Sonderanforderungen". Bedenken sollte man vor der Anschaffung aber das gute Flugvermögen der Altsteirer sowie den insgesamt hohen Bewegungsdrang der Rasse. Zu groß gewachsene Federschöpfe müssen bei Hennen unter Umständen frei geschnitten werden, sofern sie die Sichtfreiheit einschränken.

Amrocks SOLIDE LEGEHÜHNER IM STREIFENANZUG

Siehe Folge 177!

Bild 1: So sieht eine vielversprechende Junghenne für die Amrock-Zucht aus.

Die Amrocks sind mit einer Legeleistung von 200 bis 250 Eiern typische Wirtschaftshühner. Sie zählten in der ersten Hälfte des 20. Jahrhunderts zur absoluten Elite in puncto Legeleistung, so wie zwei nahe verwandte Rassen, die Barred Rocks und die Plymouth Rocks. Trotz ihrer deutlichen Betonung auf eine hohe Legeleistung sind die Amrocks aber auch als Rassehühner bei Züchtern sowie als Gartenhühner bei Hobbyhaltern seit vielen Jahrzehnten gleichbleibend beliebt. Dadurch hat ihnen die Tatsache, dass die früheren Legerassen heute in der eigentlichen Landwirtschaft vollständig von Legehybriden verdrängt wurden, nur wenig geschadet. Sie können sich konstant über eine treue Anhängerschaft erfreuen und dafür ist neben optischen Reizen gewiss auch die relativ unproblematische Zucht der Rasse ausschlaggebend. Durch die gute Legeleistung kann man als Züchter leicht viele Küken nachziehen und diese verraten bereits am ersten Tag ihre Geschlechtszugehörigkeit. Die rassetypische Farbgebung „Gestreift" ist genetisch betrachtet nämlich eine Abwandlung der „Sperberung", und bei allen gesperberten Hühnern zeigen Hahnenküken schon am ersten Lebenstag den sogenannten „Sperberfleck" am Hinterkopf. Durch den Sperberfleck, aber auch durch anderweitige Abwandlungen in der Farbgebung können Hahnenküken frühzeitig von den Züchtern mit einer Trefferquote von ca. 90 Prozent zugeordnet werden. Auf die Schattenseiten, die diese Schnellidentifikation mit sich

Bild 2: **Amrocks sind ruhige, freundliche Hühner, die bereitwillig eine Beziehung zu ihrem Menschen aufbauen.**

Bild 3: **Beim Amrock-Hahn ist die Streifenzeichnung noch feiner als bei den Hennen.**

Bild 4: **Rote Ohrscheiben, ein schön gezackter Einfachkamm sowie ein gelber Schnabel mit wenigen dunklen Streifen.**

Bild 5: **Amrock-Küken sind „kennfarbig". Der jungen Hahn (rechts) hat einen deutlichen Sperberfleck am Kopf und ist insgesamt heller gefärbt. Die Henne (links) ist dunkler.**

bringt, will ich hier gar nicht erst eingehen, aber wie auch immer einzelne Züchter das handhaben, fest steht, dass die Amrocks ihren Anhängern die Zuchtarbeit schon als Küken vergleichsweise leicht machen. Das gilt auch für ihre Aufzucht im Allgemeinen. Sie sind frohwüchsig, vital und entwickeln sich nach den ersten zwölf Lebenswochen noch zügig weiter. Mit etwa sechs Monaten legen die Junghennen dann bereits und wiegen zu diesem Zeitpunkt 2–2,5 kg. Hähne entwickeln sich bis zur Vollendung des ersten Lebensjahrs weiter und können ein Gewicht von 3–4 kg erreichen. Im Normalfall werden Amrock-Küken künstlich ausgebrütet und aufgezogen, denn für gute Brutinstinkte ist die Rasse allgemein nicht bekannt. Züchter haben mir dennoch schon von Amrock-Glucken berichtet, allerdings gerieten diese jedes Mal erst vergleichsweise spät im Jahr in Brutlaune, wodurch die optimale Jahreszeit für die Kükenaufzucht bereits verstrichen war. Etwas anders sieht es da bei der Zwergvariante aus. Zwerg-Amrocks erreichen ein Gewicht von 1–1,2 kg und legen deutlich weniger Eier als ihre großen Vettern. Dafür können sie aber noch mit guten Brutinstinkten punkten und gelten hierbei als solide Muttertiere, deren ruhiger Charakter sich positiv auf Küken aller Rassen überträgt.

Die Heimat der Amrocks sind die USA, wo sie ab 1848 im Bundesstaat Massachusetts erzüchtet wurden. Bis heute sorgt die Ähnlichkeit zu den Barred Rocks und den Plymouth Rocks immer wieder für Verwirrungen, denn die in der Tat sehr geringen Unterschiede beruhen im Wesentlichen auf leichte Abwandlungen im Habitus sowie auf Modifikationen in der Gefiederstreifung. Auch wird nicht in allen Hühnerzuchtnationen der Welt gleichermaßen streng zwischen diesen drei Rassen unterschieden.

Besonderheiten in der Haltung: Das dichte Federkleid der Amrocks scheint bei Federlingen und anderen Lästlingen recht beliebt zu sein. Besonders begehrte Nistplätze dieser Quälgeister finden sich erfahrungsgemäß meistens unter den Flügeln sowie um die Kloake herum. Regelmäßige Kontrollen sind daher wichtig. Ansonsten sind Amrocks vergleichsweise problemlose Hühner.

Antwerpener Bartzwerge EINE LIEBLINGSRASSE DER KINDER

Siehe Folge 137!

Barthühner, also Hühnerrassen, die anstelle von Kehllappen auffällige Federbärte im Gesicht tragen, werden immer eine gewisse Fanbase haben und sind historisch betrachtet schon seit vielen Jahrhunderten in Europa bekannt. Viele große Barthuhnrassen wirken allerdings auf Kinder ziemlich einschüchternd, weil ihre Köpfe oft an Greifvögel erinnern und damit nicht sehr hühnertypisch aussehen. Alte Bezeichnungen wie „Eulenbarthühner" oder „Adlerköpfe" spielen darauf an. Zum Glück gibt es bärtige Hühner aber auch im Miniaturformat, wie etwa die kecken Antwerpener Bartzwerge, die in der Regel nur wenig mehr als ein halbes Kilo auf die Waage bringen. Diese Zwerghühner sind aufgrund ihrer geringen Größe absolut nicht einschüchternd und auch von ihrem zutraulichen und frechen Wesen her super dazu geeignet, Kinder für die Hühnerhaltung zu begeistern. Wer sich täglich mit dieser Rasse ein bisschen beschäftigt und Leckerbissen grundsätzlich per Hand reicht, wird mit den kecken Kobolden schnell Freundschaft schließen. Natürlich hat die Zwergenwüchsigkeit auch Nachteile, so sind die Bartzwerge mit Sicherheit in einem gepflegten Privatgarten

Bild 1: Hahn und Henne vom Antwerpener Bartzwerg in „Silberhalsig".

Bild 2: Diese Küken der wachtelfarbigen Antwerpener Bartzwerge sind drei Tage alt.

Bild 3: Antwerpener Bartzwerg-Hahn im Farbschlag „Schwarz-Weiß-Gescheckt"

mit abgesichertem Auslauf besser aufgehoben als beispielsweise frei laufend auf einem Bauernhof. Auch wegen der Eier wird man sich die Rasse wohl eher nicht zulegen. Je nach Stamm schafft eine Henne 80–120 hellschalige Eier im Jahr, die dabei auffallend rundlich proportioniert sind. Ohnehin gelten die Bartzwerge heute in erster Linie als typische Showrasse, die auf keiner größeren Geflügelausstellung fehlen darf und in vielen Farbschlägen im Umlauf ist. In ihrer Heimat Belgien sind die Antwerpener Bartzwerge beispielsweise in Silber-Wachtelfarbig und Gold-Wachtelfarbig recht beliebt, während in anderen Ländern porzellanfarbige, isabell-porzellanfarbige und schwarz-weiß gescheckte Farbschläge am häufigsten anzutreffen sind. Hübsch wirkt die Rasse auch in Weiß, Schwarz mit Grünglanz, Perlgrau und Silberhalsig. Letzterer Farbschlag gefällt mir persönlich für diese Rasse mit Abstand am besten, weil die silberhalsigen Hähne, wie der Name bereits andeutet, ein silbrig weißes Kragengefieder haben, das jedoch in starkem Kontrast zu ihrem – und das ist die große Überraschung – tiefschwarzen Bart steht. Neben der Farbzucht legen die Züchter bei dieser Rasse auf die Kopfpunkte einen gesteigerten Wert. Das namensgebende Bartgefieder soll sich stets aus gut ausgeprägten Kinn- und Backenbärten zusammensetzen. Rassetypisch ist dazu außerdem die Kombination mit einem flach gedrückten Rosenkamm, der übrigens wenig anfällig für Frostschäden ist.

Antwerpener Bartzwerg-Hennen sind auch als Glucken nicht zu unterschätzen und schaffen es immer wieder, bis zu zehn Eier erfolgreich auszubrüten. Die winzigen Küken sind anfangs leider recht empfindlich, weshalb Glucke und Küken in den ersten Wochen kälte- und windgeschützt untergebracht sein sollten. Ausgewachsene Bartzwerge sind sehr kältetolerant und robust, was die Anfangsschwierigkeiten bei der Aufzucht wieder wettmacht!

Besonderheiten in der Haltung: Weil die Antwerpener Bartzwerge aufgrund ihrer Größe auch von Katzen und Raben als Beute betrachtet werden, ist eine raubtiersichere Unterbringung Grundvoraussetzung für ihre Haltung. Die Federbärte sollten regelmäßig auf Verklebungen und Verschmutzungen überprüft werden. Damit sich die Bärte beim Trinken außerdem nicht vollsaugen, empfehlen sich spezielle Ringeinlagen für die Wasserspender.

Appenzeller Spitzhauben EIN TSCHÜPPERLI GEGEN DIE KÄLTE

Siehe Folge 40!

Würde man mich bitten, die Appenzeller Spitzhauben mit ein paar Adjektiven kurz zu beschreiben, so würden mir ohne großartiges Nachdenken sogleich Eigenschaften wie „flatterhaft", „selbstständig", „agil" und „aufmerksam" in den Sinn kommen. Wer einmal das Glück hatte, diese Rasse frei im Gelände, rund um einen Schweizer Bergbauernhof herumlaufend, beobachten zu können, wird verstehen, was ich meine. Appenzeller Spitzhauben sind Wildfänge, die flott auf dem Hof herumflitzen, hier ein Körnchen aufpicken, dort einen Grashalm abzupfen – nur um drei Sekunden später schon wieder im nächsten Gebüsch oder hinter der Scheune zu verschwinden. Die Rasse ist nichts für kleine Gärten mit Standardumzäunung oder gar Volieren. Auch als Schmusehuhn für Kinder würde

Bild 1: Diese schöne Zuchtgruppe gehört zum Farbschlag „Gold-Schwarz-Getupft".

Bild 2: Tiere des Farbschlags „Chamois" sind heute bei den Spitzhaubenhühnern nur noch ausgesprochen selten zu finden.

Bild 3: Die spitz zulaufende Federhaube war namensgebend für die Rasse „Appenzeller Spitzhaube".

Bild 4: Ein stolzer Appenzeller Spitzhaubenhahn in „Silber-Schwarz-Getupft".

ich sie nicht empfehlen, denn es entspricht nicht dem Wesen der ältesten Schweizer Hühnerrasse, sich friedlich und zahm zu verhalten. Wie erklärt sich aber der enorme Aufschwung, den die vor Kurzem noch hoch gefährdete Rasse aktuell zweifelsohne erfährt?

Ich möchte salopp behaupten, dass in diesem Fall allein das hübsche Äußere der Rasse für die große Popularität verantwortlich ist. Rassetypische Spitzhauben sind eine Augenweide erster Klasse – wie gemacht dafür, unter Geflügelliebhabern Begehren zu erwecken. Schon allein der schlanke Körperbau ist durchweg harmonisch und erinnert fast an die sportliche Eleganz einiger Wildhühner. Doch um dem Ganzen einen gewissen Pepp zu geben, ziert den Kopf der Rasse auch noch die namensgebende spitz zulaufende Federhaube. Hinzu kommt, dass man die Spitzhauben, neben den Farbschlägen Blau, Schwarz und Chamois, am weitaus häufigsten in Silber-Schwarz-Getupft und Gold-Schwarz-Getupft antrifft. Die schwarze Tupfung ist eine sehr kontrastreiche Farbgebung, die Hühnern stets große Fernwirkung verleiht, sie aber auch aus der Nähe betrachtet attraktiv macht. Auch der ungewöhnliche Hörnerkamm lädt zu genauerem Hinsehen ein und verleiht besonders dem Hahn etwas Teuflisches, wenn auch auf eine charmante Art und Weise.

Gewiss wird bei den Appenzeller Spitzhauben immer das Äußere im Vordergrund stehen, aber man sollte auch den kulturellen Wert der Rasse für die Schweiz nicht außer Acht lassen. So wie das Steinpiperl (s. Seite 118) ein Relikt eines alten österreichischen Landhuhnschlags ist, sind die Appenzeller Spitzenhaubenhühner die Nachfahren einer Hühnerpopulation, die in früheren Jahrhunderten in der Schweiz allgegenwärtig war. Vermutlich war die kleine Federhaube, die genau dort am Kopf sitzt, wo sich auch der Kamm befindet, eine günstige Anpassung an die kalten Winter in den Bergen. Frostschäden an den empfindlichen Kämmen waren einst gewiss keine Seltenheit bei Hühnern und die zusätzlichen Federn erweisen sich als guter Schutz. Die Appenzeller Spitzhauben waren somit ideale

Hühner für hoch gelegene Höfe, wo man unter rauen klimatischen Bedingungen wirtschaften musste. Man konnte sie den ganzen Tag frei herumlaufen lassen, denn sie waren wachsam genug, um selbst auf sich aufzupassen. Weder Fuchs noch Habicht fanden in ihnen eine einfache Beute. Auch der Futteraufwand dürfte während der warmen Jahreszeit lächerlich gering gewesen sein, denn die Tiere versorgen sich nahezu vollständig selbst, wenn man sie lässt. Noch Ende des 19. Jahrhunderts waren die genügsamen Appenzeller Spitzhauben in der Schweiz daher eine überaus beliebte Rasse, doch mit der Modernisierung der Landwirtschaft verschwanden auch sie im 20. Jahrhundert fast vollständig von der Bildfläche. Lediglich im Appenzellerland fanden sie ein kleines Refugium, das ihnen ein Überleben ermöglichte. Das ist auch der Grund, warum man sie heute Appenzeller Spitzhauben nennt und sie als etwas Typisches für diese Region angesehen werden. In der Schweiz wird die Rasse traditionell „Tschüpperli" oder auch „Gässerschnäpfli" genannt, und die vergleichsweise moderne Assoziation der Federhaube mit der Spitzhaube entstand wohl erst, als die Rasse schon sehr selten war. Die Spitzhaube ist nämlich der traditionelle Trachtenhut, den die Appenzeller Frauen bei Brauchtumsveranstaltungen tragen.

Besonderheiten in der Haltung: Die Federhaube sollte regelmäßig auf Ungeziefer und Verschmutzungen kontrolliert werden. Wer mit beengten Platzverhältnissen in der Hühnerhaltung startet, sollte auf die Haltung dieser Rasse verzichten. Mir blutet das Herz, wenn ich Spitzhaubenhühner sehe, die sich nie wirklich frei bewegen dürfen. So ein Anblick erinnert mich immer an die Geschichte von „Heidi", dem wohl berühmtesten Schweizer Wildfang, der bekanntlich ebenfalls nicht eingesperrt sein wollte und furchtbar unter den „Haltungsbedingungen" in der großen Stadt Frankfurt gelitten hat ...

Bayerische Zwerg-Landhühner

MEIN BAYERISCHER HÜHNERKRIMI

Siehe Folge 216!

Bild 1: Rosenkämme kommen bei den Landzwergen Bayerns häufig vor

Verschollene, alte Rassen werden heutzutage mitten in Europa eigentlich nicht mehr entdeckt. Man geht weitläufig davon aus, dass alle traditionellen Nutztiere, die noch nicht ausgestorben sind, inzwischen bekannt sind. Dennoch durfte ich selbst – im Laufe des Jahres 2020 – erfahren, dass noch immer große Schätze existieren, die geborgen werden müssen. Das Bayerische Zwerg-Landhuhn zu entdecken, war zweifelsfrei für mich das krönende Highlight, seit es Happy Huhn gibt. Nun aber von Anfang an:

Im Sommer 2020 verschlug es mich, den eingefleischten „Tiroler Bua" nach Niederbayern. Ich richtete mir im Bayerischen Wald einen zweiten Wohnsitz ein und begann darum auch damit, mich intensiv mit den alten Hühnerrassen Bayerns auseinanderzusetzen. Viel gab es da offiziell nicht zu entdecken: Lediglich das kronenkämmige Augsburger

Bild 2: Farbenvielfalt bei den Küken der bayerischen Zwerg-Landhühner

Bild 3: In einer bunten Truppe Landzwerge gibt es viele Gefiederfärbungen

Huhn soll bis heute überlebt haben. Angesichts der großen Landesfläche Bayerns, wollte ich mich mit dieser schwachen Ausbeute nicht zufriedengeben und forschte weiter. Das systematische Auswerten historischer Hühnerhofgemälde aus dem 19. Jahrhundert, von Malern wie den Gebrüdern Julius und Otto Scheuerer, offenbarte mir dabei in der bäuerlichen Hühnerhaltung eine große Vielfalt an bunten Landhühnern, bei denen mir zwei Besonderheiten auffielen:

1. Rosenkämmige Hühner kamen im 19. Jahrhundert in Bayern ausgesprochen häufig vor und
2. bunte Zwerghühner liefen auf den Hühnerhöfen oft gemischt mit ihren großgewachsenen Artgenossen umher.

Nun hatte ich eine Vorstellung von den alteingesessenen Hühnern und meine „Suche nach Überlebenden" konnte weitergehen. Ich nutzte dafür auch die Tiefen des Internets und ausgerechnet durch eine sehr populäre Website mit Geflügel-Kleinanzeigen kam der Erfolg nicht nur schneller, sondern auch näher als gedacht. Gerade einmal 45 km Luftlinie von meinem neuen Wohnsitz entfernt, schien jemand nahe der Stadt Straubing bunte Zwerghühner zu verkaufen, die keiner bekannten Rasse so recht ähneln wollten. Ich nahm sofort Kontakt auf und fuhr dort hin. Mich erwartete ein niederbayerischer Bauernhof wie aus alten Tagen – mit rustikal konstruiertem Taubenschlag und bellendem Hofhund. Im Hühnerstall dann ein Bild, das mein Herz sofort höherschlagen ließ: Mindestens 50 Hähne und Hennen in verschiedenen Farben liefen dort herum, die meisten mehrfarbig gescheckt, Einzeltiere aber auch silberhalsig oder wildfarben. Kein Huhn glich dem anderen exakt und selbst die Kammform war stark variabel. Wie auf den alten Gemälden, gab es sowohl Einfachkämme als auch Rosenkämme in verschiedenen Ausprägungen. Meine Verblüffung muss man mir angesehen haben, aber ich erlangte meine Fassung wieder und dann begann ich, Fragen über Fragen zu stellen. Der Altbauer, dem diese Hühner gehörten, wurde von mir förmlich gelöchert und so stellte sich heraus, dass er die bunten Landzwerge seit mehr als 60 Jahren züchtet. In Kindertagen bekam er von einer Frau im Dorf Bruteier von diesen Hühnern und seither vermehren sie sich selbstständig durch Naturbrut, sind nie krank, legen auch im Winter gut und bereiten ihm durch ihre unkomplizierte Haltung viel Freude. Früher wäre es noch leichter gewesen, hin und wieder mal einen passenden bunten Hahn auf einem Geflügelmarkt für die Blutauffrischung zu finden, erzählte er mir, heute wäre das anders, da kaum noch jemand solche Hühner hätte. Für mich eine wichtige Information, denn so war klar, dass es keine zufällig entstandene Population sein konnte. Es handelt sich hier um einen lokalen Schlag von Zwerghühnern, der mal deutlich bekannter gewesen sein musste. Ich war Feuer und Flamme, besuchte den Hof noch zwei weitere Male, nahm jedes Mal Zuchttiere mit, um eine eigene Erhaltungszucht zu starten und setzte alle Hebel in Bewegung, um mehr über die Bayerischen Zwerg-Landhühner herauszufinden. Einen Rassenamen gab es nicht, da es früher einfach nur „die bunten Zwerghühner" waren. Also

Bild 4: Klein Erika mit ihrem Lieblingshuhn anno 1971

wurde aus dem von mir gewählten „Arbeitstitel" für die Erhaltungszucht inzwischen der Rassename „Bayerisches Zwerg-Landhuhn", kurz „BZLH". Mittlerweile ist bewiesen, dass die „BZLH" eine alteingesessene Hühnerrasse Bayern sind, denn es sind zahlreiche Erfahrungsberichte bei mir eingetrudelt und sogar historische Fotos. Erika aus Kriseszell konnte mich beispielsweise mit einem Foto beglücken, das sie Anfang der 1970er Jahre als Mädchen mit ihrem Lieblingshuhn zeigt. Zweifelsfrei ein bayerisches Zwerg-Landhuhn, und so ist klar, dass es diese Zwerghühner auch im Bayerischen Wald gab. Momentan feiern mich viele Hühnerfans dafür, dass ich diese Rasse wiederentdeckt habe, aber der Dank gebührt doch eigentlich dem Bauern, der diesen Hühnern 60 Jahre lang ein Refugium auf seinem Hof geboten hat. Er ließ sie nie aussterben und so ist die Existenz dieser Rasse letztlich sein beeindruckendes Lebenswerk, das ich einfach nur bewahren möchte.

Besonderheiten in der Haltung: Schwierigkeiten ergeben sich vor allem für potenzielle Erhaltungszüchter, denn man kann hier keine klassische Zucht in Farbstämmen aufbauen. Es gilt vielmehr, die bunte Farbenvielfalt aufrecht zu erhalten, wofür man immer mit mehreren Vaterlinien züchten muss. Ansonsten ist das Zuchtziel breit gesteckt: Die Tiere wiegen etwa 750 bis 1100 Gramm, treten in vielen bunten Farben auf, dürfen rosenkämmig und einfachkämmig sein und haben fleischfarbene oder gelbe Läufe.

Dorking EUROPAS ÄLTESTE HÜHNERRASSE

Siehe Folge 166!

Bei den Dorkings handelt es sich um eine der ältesten und geschichtsträchtigsten Hühnerrassen überhaupt. Für die Entwicklung der gesamten europäischen Hühnerzucht war die Rasse rückblickend von unermesslichem Wert, denn sie hat unzählige andere Rassen während ihrer jeweiligen Entstehungsgeschichte beeinflusst, manche davon vor so langer Zeit, dass diese Rassen heute ebenfalls bereits als sehr alte Rassen gelten. Die Vorfahren der Dorkings lassen sich bis zur Römerzeit zurückverfolgen und können in Geschichtsbüchern leicht identifiziert werden aufgrund eines speziellen Sondermerkmals, der sogenannten „Fünfzehigkeit". Tatsächlich besitzen rassetypische Dorkings, im Gegensatz zu den üblichen vier Zehen, stets fünf Zehen an ihren Füßen. Ansonsten sind sie relativ schlichte Hühner, die sich aber durch ihren breiten, kastenförmigen Körperbau und einem Gewicht von bis zu 4,5 kg doch eindeutig von anderen Hühnerrassen abheben. Bereits der römische Schriftsteller Columnella erwähnte im 3. Jahrhundert nach Christus schwere, fünfzehige Hühner, die im Süden Englands gehalten wurden und bei denen es sich mit ziemlicher Sicherheit um Vorläufer der heutigen Dorkings gehandelt haben dürfte. Heute werden Dorkings oft als Zweinutzungsrasse betitelt, aber aufgrund ihres hohen Gewichts wurden sie in vergangenen Jahrhunderten doch ganz eindeutig als Tafelhühner betrachtet und ihr Fleisch war auf den Londoner Märkten lange Zeit heiß begehrt. Ge-

Bild 1: Trotz ihrer Körpermasse, erweisen sich die Dorkings als überraschend bewegungsfreudige Hühner und sind gute Futtersucher.

Bild 2: Ein Dorking-Hahn in „Gold-Wildfarbig".

Bild 3: Schon die Dorking-Küken wirken sehr kräftig und verraten ihre Zugehörigkeit zu einem schweren Hühnertypus.

Bild 4: Diese Dorking-Henne zeigt gut die breite tiefe Brust, die für ihre Rasse typisch ist.

sunde Dorking-Küken sind anfangs sehr raschwüchsig und wirken schon wenige Tage nach dem Schlupf vergleichsweise muskulös, was sich besonders an ihren kräftigen Oberschenkeln zeigt. Wenn sie drei Monate alt sind, verlangsamt sich ihr Wachstum jedoch, und es dauert so letztlich ein volles Jahr, bis sie ausgewachsen sind, und noch mal weit darüber hinaus, bis sie ihr Endgewicht erreicht haben. Im direkten Vergleich zu anderen schweren Hühnerrassen, die meist relativ träge sind, empfinde ich die Dorkings als sehr umtriebige Hühner, die sich gern bewegen und stundenlang selbstständig im Auslauf nach Futter suchen. Da sie zugleich aber nicht gut fliegen können und sie für die meisten Greifvögel aufgrund ihrer Größe eine zu schwere Beute sind, verwundert es mich, dass man die Dorkings nicht häufiger als frei laufende Hühner auf Selbstversorgerhöfen sieht, denn die Voraussetzungen dafür wären super. Wie eingangs schon erwähnt, haben Dorkings im Lauf der Geschichte auch regelmäßig bei der Erzüchtung anderer fleischbetonter Rassen „geholfen". Dorkingblut fließt beispielsweise in den Adern der Rassen Houdan, Faverolle, Sundheimer und Sulmtaler. An die ersteren beiden haben die Dorkings auch die Fünfzehigkeit weitervererbt. Obgleich global betrachtet silberhalsige bzw. silber-wildfarbige Dorkings am bekanntesten sind, möchte ich auch andere Farbvarianten empfehlen, wie beispielsweise Gold-Wildfarbig, Wildbraun, Weiß und Gesperbert, weil sie alle ebenfalls schon seit langer Zeit existieren und von historischem Wert sind. Alle Dorkings legen entweder weiße oder ganz hellcremefarbene Eier, was insofern interessant ist, da für die Rasse rote Ohrscheiben typisch sind. Üblicherweise legen Rassen mit roten Ohrscheiben nämlich braune Eier.

Besonderheiten in der Haltung: Wenn man sich viele Jahre lang an vitalen und fitten Dorkings erfreuen möchte, ist es wichtig, ihren natürlichen Bewegungsdrang zu fördern und außerdem eine gesunde, abwechslungsreiche Fütterung anzustreben. Züchter müssen bei der Wahl der Zuchttiere auf eine gute Zehentrennung achten, denn die Fünfzehigkeit kommt durch die Aufspaltung der hintersten Zehe zustande. Manchmal wachsen die Krallen an den Zusatzzehen leider auch unnatürlich verdreht ein oder nutzen sich generell kaum ab, weshalb sich hier regelmäßiges Einkürzen empfiehlt.

Bild 1: In einer größeren Zuchtgruppe mit Hahn kommt die charakteristische Schwarz-Weiß-Färbung der Exchequer besonders schön zur Geltung.

Bild 2: Mit jeder Mauser nimmt der Weißanteil im Gefieder der Exchequer zu.

Bild 3: Der sich umklappende Schlotterkamm ist typisch für legende Hennen bei den Exchequer-Leghorns.

Bild 4: Exchequer-Küken zeigen im Gegensatz zu den ausgewachsenen Tieren noch eine relativ klare Plattenscheckung mit großen Farbzonen.

Exchequer Leghorn GEFIEDERTE SCHACHBRETTER

Siehe Folge 43!

Das Exchequer-Leghorn-Huhn trat vor einigen Jahren ganz plötzlich in mein Leben, als ich Marco, einen inzwischen befreundeten Hühnerzüchter aus Nordrhein-Westfalen, erstmals besuchte, und zwar, um bei ihm „Ostfriesische Möwen-Hühner" zu filmen. Auf die „Möwen" komme ich weiter hinten in einem eigenen Porträt noch zurück, denn bei dem besagten Drehtermin damals stellte sich schnell heraus, dass Marcos eigentliche Lieblinge seine Exchequer Leghorns waren.

Diese mir zu der Zeit unbekannten Hühner leuchteten aus einer versteckten Ecke des Gartens zwischen Ziersträuchern und Bäumen regelrecht hervor, mit ihren übergroßen roten Schlotterkämmen und der kontrastreichen schwarz-weiß gefleckten Gefiederzeichnung. Mir gefielen sie auf Anhieb, und letztlich haben wir damals den Großteil des Tages damit verbracht, über die spannenden Besonderheiten der Exchequer zu reden. So erfuhr ich zum Beispiel, dass es für die charakteristische Gefiederscheckung bei diesen Hühnern eine eigenständige genetische Ursache gibt, den sogenannten „Pied-Faktor", bei dem es sich um eine echte Scheckung handelt, vergleichbar in etwa mit der Scheckung eines Holstein-Rindes. Exchequer Leghorns neigen dazu, mit jeder Mauser weißer zu werden, und ich konnte mich mittlerweile selbst von diesem Phänomen des Ausschimmelns überzeugen.

Von meinem Drehtermin damals nahm ich nämlich auch befruchtete Exchequer-Bruteier mit nach Tirol, die dann sogleich auf dem alten Bauernhof meiner Tante von einer Sulmtaler-Henne erfolgreich ausgebrütet wurden. „Bianca", eine aus dieser Brut resultierenden Exchequer-Hennen, lebt jetzt, wo ich diese Zeilen schreibe, noch immer, ist nun sechs Jahre alt und nach ihrer fünften Mauser fast schneeweiß geworden. Nur dort und da hat sind noch kleine schwarze Flecken im Gefieder. Wer Exchequer Leghorns züchtet, hat

Bild 5: Ein Hahn der seltenen Zwerg-Exchequer.

also quasi jedes Jahr brandneu lackierte Hühner! Da sich der Schwarzanteil aber von selbst verliert, soll er im ersten Lebensjahr die 30-Prozent-Marke nicht unterschreiten, insbesondere bei Tieren, die für die Erhaltungszucht eingesetzt werden. Der zweiteilige Rassename war damals ebenfalls ein interessantes Gesprächsthema, denn er geht, was den ersten Teil „Exchequer" anbelangt, auf das englische Wort „chequered" für „kariert" zurück, um den Vergleich der Gefiedermusterung mit einem Schachbrett herzustellen. Der zweite Namensteil „Leghorn" verrät uns, dass es sich bei den Exchequern um Mitglieder einer sehr populären Gruppe von Hühnerrassen handelt, die sich allesamt auf italienische Landhühner zurückführen lassen. „Leghorn" ist die englische Bezeichnung für die Hafenstadt Livorno und von dort aus haben italienische Hühner in der Vergangenheit nahezu die ganze Welt erobert.

In den USA hat man sich im 19. Jahrhundert dann ihrer gezielten Zucht auf Legeleistung hin angenommen und so die berühmten weißen Leghorn-Hühner geschaffen. Diese zählen bis heute zu den besten Legerassen und wurden daher rasch von den USA aus in alle Hühnerzuchtnationen exportiert. In einer solchen Herde weißer Leghorns sollen bei einem schottischen Züchter vor mehr als 100 Jahren die ersten Exchequer aufgetreten sein. Er erkannte das Potenzial der Zufallsmutation, machte sich die Mühe, daraus einen erbfesten Stamm zu selektieren, und nannte seine Sonderlinge fortan „Exchequer". Auch wenn viele europäische Zuchtverbände die Exchequer heute noch immer nicht als eigenständige Rasse anerkennen, nimmt das Interesse bei den Hühnerfans fortlaufend zu, wenn diese erst einmal von der Existenz der Exchequer erfahren haben. Das wurde mir schlagartig klar, nachdem ich ein Video von diesen Hühnern gepostet hatte. Seit Veröffentlichung des Beitrags trudeln sowohl bei mir als auch beim Züchter laufend Anfragen nach Zuchttieren ein, in einem zuvor nie dagewesenen Ausmaß. Die Exchequer waren die erste Rasse, die mir zeigte, dass ich mit meinen YouTube-Beiträgen etwas bewirken kann für seltene Rassen und sie haben mir dadurch einen ordentlichen Schub an Motivation gegeben. Mit einem Gewicht von 1,75–2 kg sind Exchequer-Hennen eher leicht gebaut und sie stehen eindeutig im Typus einer Legerasse. Je nach Linie schaffen Junghennen in ihrer ersten Legeperiode zwischen 220 und 300 Eier und sind damit für Selbstversorger ausgesprochen interessant. Da diese Leistung immer noch deutlich unter jener der Legehybriden steht, verausgaben sich die Exchequer nicht schon zu Beginn ihres Lebens vollkommen und bleiben einem meist über viele Jahre hinweg in gesunder Verfassung erhalten. Bianca, die erwähnte Exchequer-Henne bei meiner Tante, hat in ihrem sechsten Lebensjahr noch immer mehrere Dutzend Eier gelegt, was für eine gute Grundkondition der Rasse spricht. Als ich Marco kürzlich von Bianca berichtete, erzählte er mir sogleich, dass er von diesem Jahrgang ebenfalls noch vier Hennen habe, die alle im Frühling noch Eier gelegt haben. Ist das nicht schön, wenn Hühner so nützlich und so langlebig zugleich sind?

Es existieren übrigens auch Zwerg-Exchequer, die lediglich 700–900 g auf die Waage bringen.

Besonderheiten in der Haltung: Als Rasse, die sehr gut legt, ist eine ausreichende Mineralstoffversorgung der Tiere, insbesondere mit Calcium, maßgebend für einen anhaltend guten Gesundheitszustand. Die großen Schlotterkämme sind im Winter außerdem anfällig für Frostschäden, weshalb sich ein Einfetten bei Minusgraden empfiehlt.

Bild 1: Bei den Holländischen Zwerghühnern ist die Haltung mehrerer Hähne in der Gruppe häufig möglich.

Bild 2: Holländische Zwerghühner in Gold-Wachtelfarbig und Silber-Wachtelfarbig.

Bilder 3 und 4: „Blau-Silberhalsig" nennt sich der Farbschlag, zu dem dieses Holländer Zwerghuhn in feinen Pastellnuancen gehört.

Bild 5: Holländischer Zwerghahn in Silber-Wachtelfarbig.

Holländische Zwerghühner SCHMUCKE SHOWPÜPPCHEN

Siehe Folge 34!

Die holländische Hühnerzucht ist heute rückblickend die vielleicht einflussreichste in Mitteleuropa, und das insbesondere dann, wenn man bei dieser Schlussfolgerung auch die verhältnismäßig kleine Landesfläche der Niederlande mit einbezieht. Die Niederlande sind nur halb so groß wie Österreich, haben aber gleich fünfmal so viele bodenständige Geflügelrassen aufzuweisen. Die Ursache dafür ist darin zu suchen, dass die Holländer schon seit vielen Jahrhunderten tüchtige Seefahrer sind und die Welt bereist haben. So brachten sie verhältnismäßig früh fremde Pflanzen- und Tierarten in ihr kleines Land, und gerade fremde Hühnerrassen fanden bei der Bevölkerung seit jeher großen Anklang. So war die niederländische Hühnerzucht schon immer formen- und farbenreich, weil sie ständig neuen Einflüssen unterworfen war. Auch die Vorfahren des Holländischen Zwerghuhns dürften einst wohl als Handelsware oder Beutegut in ihre neue Heimat gelangt sein.

Schon im 16. Jahrhundert züchteten die Holländer äußerst kleinwüchsige Zierhühner, die sich kaum in einen sinnvollen Zusammenhang zu den damals üblichen europäischen Hühnerrassen bringen lassen. Woher genau sie stammten, lässt sich leider nicht mehr zurückverfolgen, aber sie dürften auf jeden Fall der erste Meilenstein in der Geschichte der modernen Holländischen

Zwerghühner gewesen sein. Das Holländische Zwerghuhn ist heute eine der am intensivsten durchgezüchteten Hühnerrassen Europas und damit in erster Linie eine perfekte Showrasse, die auf keiner Geflügelausstellung fehlen darf. Unzählige Farbschläge wurden bis hin zur Makellosigkeit selektiert, sodass es schwer ist, hierbei überhaupt noch den Überblick zu bewahren. „Goldhalsig", „Schwarz-Weiß-Gescheckt", „Perlgrau", „Gelb-Schwarz-Columbia", „Blau-Silberhalsig", „Gold-Weizenfarbig" und „Rotgesattelt" sind nur ein paar der beliebtesten Farbvarianten bei diesen Miniaturhühnern. Manche Farben sind inzwischen sehr selten geworden, und dazu zählen fraglos auch die „wachtelfarbigen" Holländischen Zwerghühner, die ich Ihnen darum hier überwiegend zeigen möchte. „Gold-Wachtelfarbig" und „Silber-Wachtelfarbig" sind zwei Farbvarianten, die historisch betrachtet erstmals bei belgischen Landhühnern wie den Brabanter Bauernhühnern und den Bassetten auftraten. Hier sieht man, wie eng Holland und Belgien nicht nur geografisch betrachtet miteinander verknüpft sind, denn ganz gleich, wie die politische Situation in der Vergangenheit auch war, die Tierzüchter fanden immer Wege, sich auszutauschen.

Holländische Zwerghühner sind gut dafür geeignet aufzuzeigen, dass Hühnerzucht auch unter beengten Verhältnissen möglich ist. Sie wiegen im Schnitt etwa 400–550 g und verhalten sich sehr vertrauensvoll und gutmütig. Für ein Trio lässt sich beispielsweise bereits ein Freilauf von 10 Quadratmetern abwechslungsreich ausstatten und gestalten. Ausschlaggebend für die Wahl dieser Rasse ist nicht selten auch, dass die Hähne nicht laut krähen und der Krähruf zudem eher kurz ist. Alle diese Vorteile, in Kombination mit der optischen Perfektion, machen es möglich, sich an diesen Hühnern auch in kleinen Vorstadtgärten zu erfreuen.

Besonderheiten in der Haltung: Es empfiehlt sich, die kleinen Hühner katzensicher unterzubringen, denn die geringe Größe macht sie zur leichten Beute. Ansonsten sind die Holländischen Zwerge erstaunlich robust und sogar überraschend kältetolerant.

Jersey Giants

WENN HÜHNER BASKETBALL SPIELEN WÜRDEN

Siehe Folge 36!

„Jersey Giants" – das hört sich nach einem amerikanischen Footballteam an, oder vielleicht auch nach Basektballspielern, aber nicht unbedingt nach einer alten Hühnerrasse, und so sind einem verwunderte Blicke vertraut, wenn man sagt: „Ich züchte Jersey Giants." Müsste ich mir ein Basketballteam aus Hühnerrassen zusammenstellen, so würde ich die Jersey Giants auf jeden Fall ins Team wählen, denn sie sind, wie in diesem Sport gefordert, ausgesprochen großwüchsig. Erzüchtet vor fast 150 Jahren im US-Bundesstaat New Jersey, und nach diesem sind sie auch benannt worden. Der zweite

Bild 1: Auch weiße Jersey Giants haben ganz dunkle Augen. Sie werden heute nur noch von wenigen Züchtern, wie dieser jungen Frau, beachtet.

Bilder 2 und 5: Dieser schwarze Jersey-Giant-Hahn zeigt einen deutlichen Grünlack im Gefieder und ist offensichtlich kerngesund.

Bild 3: Bei den Jersey-Giant-Hühnern im Farbschlag Blau bekommt man im wahrsten Sinn des Wortes „50 Shades of Grey" zu sehen.

Bild 4: Der finstere Blick dieser schwarzen Jersey-Giant-Henne kommt durch die dunkel pigmentierte Iris zustande und ist aus züchterischer Sicht beabsichtigt.

Teil des Namens, „Giants", übersetzt „Riesen", ist ebenfalls wörtlich zu nehmen. Diese Hühner wurden von Anfang an mit dem Ziel gezüchtet, riesenhaft zu werden. Die Idee hinter den „Riesenhühnern" entstand in den 1870er-Jahren, denn man wollte seinerzeit eine neue Hühnerrasse schaffen, die die Puten in den Mastställen ersetzen sollte. Damals waren Puten der Hauptfleischlieferant in den USA, und man dachte, besonders große Hühner wären möglicherweise wirtschaftlicher zu halten als Puten. Relativ schnell kam man dann auch zum gewünschten Ergebnis und erhielt durch die gezielte Verpaarung der Rassen Orpington, Langschan und Brahma mit schwarzen Java-Hühnern außerordentlich große Hühner – eine ernsthafte Konkurrenz für die Puten sollten diese Riesenvögel jedoch nie werden. Viel zu langsam war ihr Muskelwachstum, viel zu schlecht das Verhältnis zwischen Futterverbrauch und Schlachtausbeute für kommerzielle Haltungsformen. Zwar kamen die Jersey Giants zu Beginn ihrer Zuchtgeschichte durchaus als Masthühner zum Einsatz, jedoch nur im kleinen Stil. Schon bald wendete man sich wieder anderen, ertragreicheren Rassen zu. Im Grunde genommen hätte das auch schon das Ende der Geschichte sein können, wäre da nicht der tolle Charakter der Jersey Giants gewesen. Jersey Giants haben ein ausgeglichenes, sanftmütiges Wesen und sind dadurch einfach zu handhaben. Die Herzen zahlreicher Hobbyhalter und Selbstversorger konnten sie damit erstaunlich schnell erobern und waren schon bald auch außerhalb ihrer amerikanischen Heimat bekannt und beliebt. Bis heute hat sich daran nichts geändert, und so ist das Jersey-Giant-Huhn ein Klassiker geworden, der Züchterherzen höher schlagen lässt. Ausgewachsene Hähne können bis zu sechs Kilogramm auf die Waage bringen und erreichen, bis zu den Kammzacken gemessen, schon mal eine Höhe von 80 Zentimetern. Nicht nur Gewicht und Größe machen diese Riesenhühner aber zu Blickfängen, auch ihre tolle Farbgebung lädt zum Hinsehen ein. Die Standardfarbe der Rasse ist ein tiefes Schwarz, das bei günstigem Lichteinfall dunkelgrün schillert und diesen Hühnern somit trotz Masse eine gewisse Eleganz verleiht. Neben dem „großen Schwarzen" kleiden sich die Riesen seltener in ein gedämpftes „Blau". Was in Züchterkreisen als „Blau" bezeichnet wird, ist ein Grauton, vergleichbar mit dem Fell einer Kartäuser-Katze. Auch bei den Riesenhühnern verhält sich das Blau spalterbig, und so fallen immer auch schwarze und schmutzig weiße („Splash") Küken aus der Verpaarung zweier blauer Exemplare. Da aber auch diese wieder blaufarbige Nachkommen haben können, ist die etwas komplizierte Vererbung vielleicht nur halb so schlimm, und ich hoffe nicht, dass sie irgendeinen Hühnerfreund davon abhält, es einmal mit diesen gigantischen Schönheiten zu versuchen.

Besonderheiten in der Haltung: Wichtigste Voraussetzung für die Haltung von Jersey Giants ist ausreichend Platz, denn eines sind sie ganz gewiss nicht: Hühner für den kleinen Vorgarten. Die Fütterung muss dem Alter der Tiere angepasst werden, denn während die Alttiere zum Verfetten neigen, entwickeln sich Jersey-Giant-Küken nur unzureichend, wenn die Futterbasis schlecht ist.

Marans FRANKREICHS CHARAKTERSTARKER EXPORTSCHLAGER

Siehe Folge 114!

Es gibt auch in der Hobbyhaltung Hühnerrassen, die immer noch vorwiegend wegen ihrer Eier gehalten werden, und zwar trifft das insbesondere auf alle Rassen zu, die mit ungewöhnlichen Eierschalenfarben auf sich aufmerksam machen. Ein Paradebeispiel dafür ist sicherlich das Marans-Huhn mit seinen dunkelbraunen bis kastanienroten Eiern. Erschreckend oft habe ich schon von Hühnerhaltern zu hören bekommen, dass die Marans eigentlich eh nur wegen ihrer Eier interessant sind und ansonsten „total langweilige" Hühner wären. Das finde ich schade, weil mir im Lauf meines Lebens schon sehr viele Marans-Hühner begegnet sind und ich sie auch für „Happy Huhn" schon derart oft vor der Kameralinse hatte, dass ich getrost sagen kann: „Marans sind super klasse. Am meisten fasziniert mich die ausgeprägte Charakterstärke der Rasse, denn obwohl diese Hühner an sich sehr ruhig sind, belegen sie in gemischten Hühnertruppen fast immer die obersten Ränge in der Hackordnung. Streiten müssen sie dabei nicht viel, sondern sie herrschen vielmehr durch gelassene Dominanz. Ich habe das selbst schon erlebt, als mir Mara (ja, ich weiß, nicht sehr einfallsreich), eine schwarz-kupferfarbene Marans-Henne, von einer Züchterin geschenkt wurde. Als sie neu in meine „Happy Huhn"-Truppe kam, hackte Mara einmal kurz nach jedem Huhn, das die Frechheit besaß, an sie heranzutreten, und schon nach kurzer Zeit war sie die unangefochtene Chefin ohne ernsthafte Streitigkeiten. Überrascht hat mich das damals nicht, denn ich wusste schon aus den Erfahrungsberichten meiner Zuschauer, dass das mit den Marans häufig so läuft. Auch die Optik der Marans ist keineswegs so „öde", wie oft behauptet wird. Tiere der Farbschläge Schwarz-Kupfer und Blau-Kupfer sind wunderschön, wenn sie aus einer guten Zuchtlinie stammen, bei der darauf geachtet wird, dass auch die Hennen am Hals das Kupferrot schön zeigen. Daneben gibt es gesper-

Bild 1: Die beiden Farben Schwarz-Kupfer und Blau-Kupfer lassen sich bei den Marans auch hervorragend in gemischten Gruppen züchten.

Bild 2: Den Marans-Hähnen wird immer wieder nachgesagt, dass sie eine gewisse Neigung dazu hätten, aggressiv zu werden.

Bild 3: Marans-Henne in „Schwarz-Kupfer".

Bild 4: Marans-Küken sind in den ersten Tagen ihres Lebens ein wenig wie Pinguine gefärbt. Der weiße Bauch verschwindet später.

Bild 5: Marans-Henne in „Schwarz-Silber".

Bild 6: Auch im Farbschlag Blau-Kupfer sehen Marans-Hennen toll aus.

berte, weiße und splashfarbige Marans. Schwarz ist dabei gewiss die historisch wichtigste Farbe. Die Wurzeln der Marans liegen in Frankreich und lassen sich bis in die Mitte des 19. Jahrhunderts zurückverfolgen. Seit mehr als 150 Jahren sind diese Hühner bekannt. Ihr traditionelles Zuchtgebiet, der gleichnamige französische Kanton „Marans", liegt im Westen Frankreichs an der Atlantik-Küste. Wegen der geografischen Herleitung des Rassenamens spricht man übrigens auch in der Einzahl vom „Marans-Huhn", mit „s" am Ende. Marans sind mit ca. 3–3,5 kg Gewicht eher große Hühner, die als Sondermerkmal eine knapp ausgeprägte Beinbefiederung besitzen, die jedoch so beschaffen ist, dass die Innenseiten der Läufe frei von Federn sind. Aufgrund der schon erwähnten Charakterstärke dürfen die selbstsicheren Marans als zutrauliche Rasse gelten, deren Vertreter schnell eine Bindung zum Halter aufbauen. Was für die großen Maranas gilt, gilt weitestgehend auch für die ebenfalls sehr beliebten Zwerg-Marans. Diese wiegen etwa ein Kilo und sind dort, wo der Platz knapp ist, sicherlich die klügere Wahl.

Besonderheiten in der Haltung: Vergesellschaften Sie Marans wegen ihrem Dominanzverhalten am besten mit ähnlich großen Hühnerrassen, die körperlich nicht unterlegen sind. Die Beinbefiederung der Marans führt immer wieder dazu, dass sich Kalkbeinmilben lange Zeit unbemerkt entwickeln können. Kontrollieren Sie die Beine von Marans und generell aller Rassen mit befiederten Läufen darum stets besonders sorgfältig auf einen Befall dieser Quälgeister.

Orloff DER TOUGHE LIEBLING DER SELBSTVERSORGER

Siehe Folge 41!

Das markante Orloff-Huhn ist nach einem seiner größten Förderer, dem Russen Alexei Orlow, benannt. Mit mehreren gleichnamigen Ortschaften in Russland haben diese Hühner nichts zu tun, denn das Entstehungsgebiet der Rasse lässt sich nur ungefähr mit Zentralrussland eingrenzen. Persische und malaiische Hühner sollen dort im Lauf der letzten 300 Jahre immer wieder in Bestände von russischen Barthühnern, die womöglich wiederum den modernen Pawlowskajas ähnelten, eingekreuzt worden sein und so zum heute bekannten Orloff-Huhn geführt haben. Ein vergleichsweise einheitliches Erscheinungsbild dürfte dabei schon im Lauf des 19. Jahrhundert erzielt worden sein, und das Erstaunliche daran ist, dass die Orloffs dabei noch immer eine exakte Merkmalsvermischung aus den Eigenschaften ihrer Ahnen zeigen. Von den bis 90 cm großen Malaien-Hühnern haben sie beispielsweise ihre stolze, aufgerichtete Körperhaltung und die groben Wulstkämme vererbt bekommen. Von ihren Barthuhn-Vorfahren haben die Orloffs hingegen ein ausgesprochen dichtes, ja fast schon übermäßig stark entwickeltes Federkleid sowie selbsterklärend ihren Vollbart, der sich aus zwei Backenbärten und einem rundlich wirkenden Kinnbart zusammensetzt. Man könnte das Orloff-Huhn als

Bild 1: Orloffs sind stolze Hühner und wirken durch ihre aufrechte Körperhaltung noch erhabener. Hier der rotbunte Farbschlag.

Bilder 2 und 3: Orloff-Henne und -Hahn im direkten Vergleich. Gut zu sehen ist der deutlich stärker ausgeprägte Wulstkamm beim Hahn sowie der üppigere Bart.

2

3

1

gelungene Mischung von nördlichem Barthuhntypus mit südlichem Kämpfertypus beschreiben, und auch wenn die Optik der Rasse eine Frage des Geschmacks ist, so wage ich durchaus zu behaupten, dass es schöne und stolze Vögel sind. Für mich ist das Orloff-Huhn mittlerweile so etwas wie der Inbegriff eines toughen und robusten „Winterhuhns" geworden. Die Rasse ist mit Bart und Wulstkamm nicht nur äußerlich sehr gut an raue und frostige Verhältnisse angepasst, sondern legt zudem auch während der kalten Monate gut. Wenn im Dezember draußen Eis und Schnee vorherrschen und andere Hühner ihre Legetätigkeit schon längst eingestellt haben, kommt es nicht selten vor, dass die Orloff-Damen noch wochenlang weiterlegen. Das hat dazu geführt, dass das Orloff-Huhn erst jüngst zu einem geschätzten Geheimtipp unter Selbstversorgern avanciert ist. Klar, als Selbstversorger möchte man keine Eier im Supermarkt kaufen, und die üblichen Rassen beenden ihre Winterlegepause häufig erst Anfang Februar, wenn die Tage wieder deutlich länger werden. Somit ergänzen sich Orloff-Hennen hervorragend in gemischten Legeherden mit anderen, ähnlich großen Rassen. Am häufigsten trifft man Orloffs im Farbschlag „Rotbunt" an, bei dem das Gefieder, dank kastanienroter, schwarzer und weißer Partien, dreifarbig gescheckt erscheint. Seltener finden sich gesperberte, schwarze oder weiße Zuchtstämme. Hennen wiegen meist um die 2,5 kg herum, Hähne können die 3-kg-Marke schon mal deutlich überschreiten. Die kaum bekannte Zwergvariante erreicht um 1 kg herum. Mir persönlich gefällt der ruhige und dem Halter gegenüber vertrauensselige Charakter der Orloffs. In gemischten Truppen besetzen die Orloffs häufig die obersten Posten in der Hackordnung, ohne dabei so aggressiv vorzugehen wie andere Rassen mit Kämpferwurzeln. Zweifelsohne erlebt die Orloff-Zucht gerade ihren zweiten großen Aufschwung – der erste fand bereits vor mehr als 100 Jahren statt, als man die Rasse im Jahr 1908 zum russischen Nationalhuhn erklärte.

Besonderheiten in der Haltung: Die Bärte der Orloffs werden durch breiige Futterarten leicht schmutzig und verkleben dann. Bei Minusgraden im Winter sollten Wasserspender für Orloffs außerdem mit sogenannten „Ringeinlagen" versehen werden, die verhindern, dass die Bärte der Tiere sich vollsaugen und anschließend zu Eisklumpen gefrieren.

Ostfriesische Möwen WENN HÜHNER SCHÖNER SIND ALS HÄHNE

Siehe Folge 52!

„Das sind doch eindeutig Hühner und keine Möwen", „Ich dachte immer, Möwen wären zu wild, um sie als Haustiere zu halten", oder: „Wo kriegst du denn genug Fische für die Fütterung der Möwen her?" Solche Aussagen oder Ähnliches bekommen Züchter der ältesten norddeutschen Hühnerrasse immer wieder zu hören, wenn sie „Uneingeweihten" ihre gefiederten Lieblinge „vorführen". Eines vorweg: Selbstverständlich haben diese Hühner in ihrem Stammbaum keine verwandtschaftlichen Verbindungen zu echten Möwen vorzuweisen, und die Kreuzung zwischen Haushuhn und Möwe wäre auch aus wissen-

Bild 1: Die „Zwerg-Möwen", hier in Silber, erreichen kaum jemals die 1-Kilo-Marke.

Bild 2: Eine sogenannte „Goldmöwe". In Gold sind die ostfriesischen Möwen deutlich seltener als in Silber.

Bild 3: Diese Osfriesischen Möwen der silbernen Variante leben auf einem Bauernhof in Nordrhein-Westfalen.

Bild 4: Bei dieser Zwerg-Möwe ist gut zu sehen, dass die schwarze Flockenzeichnung im Bereich des Halsgefieders nur verdeckt vorhanden ist.

Bild 5: Ostfriesische Möwen tragen typischerweise einen Einfachkamm, der manchmal etwas „schlottern" kann.

Bild 6: Ein schlupffrisches Ostfriesisches Möwen-Küken der silbernen Variante mit typischer Sprenkelzeichnung im Kopfbereich.

schaftlicher Sicht gar nicht möglich. Die Gemeinsamkeit zwischen den Vögeln beruht allein auf optischen Ähnlichkeiten, die jedoch einst nur jemandem aufgefallen sein konnten, der einen Blick auf den Nachwuchs beider Arten werfen konnte. Junge Küken von Lachmöwen und „Ostfriesischen Möwen" ähneln sich nämlich in den ersten Lebenstagen, wenn sie noch ihr flauschiges Flaumkleid tragen, auf geradezu verblüffende Art und Weise. Beide haben einen bräunlich gelben Grundton zu eigen, der jeweils von einer dunklen Sprenkelzeichnung aufgelockert wird. Besonders augenscheinlich wirken die Gemeinsamkeiten des Zeichnungsmusters im Kopfbereich der Küken. Schon eine Woche später sind die Ähnlichkeiten dann aber verschwunden. Dem Nachwuchs sprießen die ersten Federchen und das Flaumkleid verliert sich zunehmend. Ausgewachsene Ostfriesische Möwen haben zwar keine Ähnlichkeit mehr mit echten Möwen, zeigen aber in Form der Flockenzeichnung ein attraktives Gefiedermuster, bei dem jede einzelne Feder durch eine schwarze Sprenkelung akzentuiert wird. Erstaunlicherweise ist diese Flockenzeichnung jedoch nur bei den Hennen in schöner Ausprägung über den ganzen Körper verteilt zu sehen. Die Hähne zeigen die Flockung nur verdeckt im Untergefieder, weshalb sie dem Betrachter fast vollständig weiß erscheinen. Ihr einziger Schmuck sind ihre schwarzen Schwanzfedern, und somit haben wir es bei den Ostfriesischen Möwen mit einem der seltenen Fälle in der Hühnerwelt zu tun, in denen der Hahn nicht eindeutig prachtvoller und schöner gefärbt ist als seine Damen. Er kann, ganz im Gegenteil, sogar nicht einmal annähernd mit ihrer Schönheit konkurrieren.

Eine optische Eigenheit, die man bei beiden Geschlechtern der Ostfriesischen Möwen findet, sind die blauen Beine, die nur bei wenigen anderen Hühnerrassen auftreten. Züchter sprechen im allgemeinen Sprachgebrauch übrigens nur selten von Ostfriesischen Möwen, sondern bezeichnen ihre Hühner entweder als Silbermöwen oder Goldmöwen, je nach Grundfarbe ihrer Tiere. Man kennt die Rasse also in zwei Farbvarianten, die beide sehr hübsch anzusehen sind, aber ganz unterschiedlich beliebt sind. Leider trifft man heute fast nur noch Silbermöwen an, während die Goldmöwen kurz vor dem Aussterben stehen. Weil aber auch die Silbermöwen zu den gefährdeten Hühnerrassen Deutschlands gerechnet werden müssen, könnte ein kleiner Aufschwung der Rasse nicht schaden. Was die Legeleistung anbelangt, liegt die Rasse mit 160–180 Eiern im Jahr in etwa beim Durchschnitt einer alter Landhuhnrasse. Die Hennen wiegen in der Regel um 2,5 kg herum, während die Hähne schon mal 3 kg erreichen. Die ebenfalls bekannte Zwergform erreicht ca. 900 g, seltener 1 kg. Die „Zwerg-Möwen" sind im Gegensatz zu den großen Möwen übrigens auch begnadete Glucken, wovon ich mich während der Neufassung dieses Buches einmal mehr selbst überzeugen konnte. Meine eigene Zwerg-Möwe Ilka führte ihre zwölfköpfige Kükenschar nämlich nun schon mehr als drei Monate lang sicher durch den „Happy Hühnergarten". Üblicherweise beträgt die Führzeit sechs bis acht Wochen.

Besonderheiten in der Haltung: Ostfriesische Möwen sind eine sehr robuste alte Rasse, die keinerlei Sonderansprüche stellt. Der temperamentvolle Charakter muss allerdings vor der Anschaffung bedacht werden, denn viele Rassevertreter bleiben zeitlebens Wildfänge. Die gemeinsame Haltung mit ruhigeren Rassen wirkt sich diesbezüglich positiv aus.

Sandschak Kräher HAHNENKAMPF EINMAL ANDERS

Siehe Folge 45!

Die globale Vielfalt unseres Haushuhns ist unglaublich beeindruckend. Nahezu überall auf der Welt werden interessante Hühnerrassen gezüchtet, und die Rasse, die nun an der Reihe ist, kommt aus einer ganz anderen Ecke der Welt, nämlich dem Sandschak, wahlweise auch „Sandžac" geschrieben. Der Sandschak ist eine historische Region, die bis zum Ende des ersten Balkankriegs, im Jahr 1913, eine Verwaltungseinheit des Osmanischen Reichs darstellte. Als Folge des Krieges wurde das Gebiet zwischen Serbien und Montenegro aufgeteilt, doch diese Trennung konnte nicht verhindern, dass die Liebe für die Zucht einer ganz speziellen Hühnerrasse in beiden Teilen erhalten geblieben ist: dem sogenannten Sandschak Kräher. Die Betitelung „Kräher" verrät eingefleischten Hühnerfans bereits, dass es sich hierbei um eine Langkräherrasse handelt, deren Spezialität der überdurchschnittlich lange Krähruf der Hähne ist. Durch jahrhundertelange Selektion auf die besten Kräher wurde das übliche Hahnenkrähen, das ca. 5 Sekunden andauert, auf Längen von deutlich über 20 Sekunden hin ausgedehnt. Das klingt vielleicht erst mal unglaubwürdig, ist aber wahr. In speziellen Langkräh-Wettbewerben, auf denen

Bild 1: In einer Zuchtgruppe von Sandschak Krähern kann jedes Tier eine andere Farbgebung haben.

Bild 2: **In Serbien sind schöne, lang krähende Sandschak-Kräher-Hähne in manchen Regionen noch ein wertvolles Statussymbol.**

Bild 3: **Aufmerksam und neugierig sind die Sandschaks vom Wesen her – ihnen entgeht nichts, was ihr Mensch tut.**

Bild 4: **Sandschak-Kräher-Henne mit typischer nach oben ragender Federhaube.**

Bild 5: **Viele Sandschak Kräher besitzen das Scheckgen „Mottled", das für weiße Flecken im Gefieder sorgt.**

Bild 6: **Die Sandschak-Kräher-Küken zeigen schon früh Ansätze für die spätere Federhaube.**

es nicht selten zugeht wie auf Volksfesten, treffen sich die Züchter regelmäßig und lassen ihre besten Hähne gegeneinander antreten. Man kann es sich vorstellen wie einen unblutigen Hahnenkampf, nur dass hier nicht der Aggressivste und Stärkste am Ende seine Gene weitergeben darf, sondern der größte Schreihals. Wenn man so einen Sandschak-Hahn zum ersten Mal hört, traut man seinen Ohren kaum und kann sich gut vorstellen, dass so vielleicht vor vielen Jahrmillionen der Kampfschrei des Tyrannosaurus Rex geklungen hat. Mittlerweile werden die Sandschak Kräher auch im deutschsprachigen Raum gezüchtet, und es hat sich ein kleiner Kreis von begeisterten Enthusiasten um die Rasse herum gebildet, die erfreulicherweise auch sehr wirtschaftlich ist. Sandschak-Hennen legen bis zu 200 Eier im Jahr, und diese stehen den industriellen Eiern der braunen Hybridhühner in nichts nach. Zweijährige Hennen legen besonders große Eier und übertrumpfen das „Standardei" mitunter sogar deutlich mit bis zu 70 g Eigewicht. Außerdem eignen sich die Sandschaks dank ihres schnellen Wachstums und des Gewichts von 2–3 kg bei den Hennen und 3–5 kg bei den Hähnen auch gut als Zweinutzungsrasse für Selbstversorger. Die häufigsten Farben, in denen man Sandschak Kräher im deutschsprachigen Raum antrifft, sind Schwarz, Weiß, Blau und Gescheckt. Alle Sandschak Kräher haben eine Federhaube, die häufig Richtung Spitzhaube tendiert, und einen relativ lang gestreckten, aufgerichteten Körperbau. Neben Serbien und Montenegro finden sich auch in den benachbarten Ländern Kosovo und Bosnien uralte Langkräherrassen, die ohne Zweifel nahe mit den Sandschaks verwandt sind. Sie alle sind aber deutlich kleiner und unterscheiden sich jeweils auch in anderen Eigenschaften, wie Krählänge und Beschaffenheit der Federhaube. Ich hatte das Glück, 2015 einen engagierten österreichischen Sandschak-Kräher-Züchter kennenzulernen, und eine meiner ersten Fragen, als ich ihn besuchte, war: „Braucht man da nicht ungemein tolerante Nachbarn, wenn man solche Langkräher züchtet?" Die Antwort war überraschend: „Jein." Zwar kann das lange Krähen, aus der Nähe gehört, ziemlich nervig sein, weil es aber eine vergleichsweise tiefe Frequenz hat, ist es nicht so weit ins Dorf hinein zu hören wie das übliche Hahnengekrähe und somit unter Umständen sogar weniger störend. Die Sandschak Kräher überraschen mich immer wieder, so hat sich beispielsweise in meiner eigenen bunten Hühnertruppe über die Jahre eine blaue Sandschak-Henne namens Klara als ultimative Superglucke entpuppt. Mittlerweile wurde die Hälfte meiner Hühner von Übermama Klara aufgezogen und sie hat die Küken dabei nicht nur selbst ausgebrütet, sondern zum Teil auch nachträglich noch aus „fremden Quellen" adoptiert.

Besonderheiten in der Haltung: Die Federhaube der Sandschak Kräher muss entsprechend ausgeschnitten werden, wenn sie die Sichtfreiheit der Tiere durch seitliches Wachstum behindert. Züchter sollten mit Tieren, die zu übergroßen Hauben neigen, daher nicht weiterzüchten. Die extremen Krährufe der Hähne sorgen bei Unwissenden für Kopfzerbrechen und werden auch gern mal mit dem Paarungsruf des T-Rex assoziiert (den natürlich niemand jemals gehört hat). Vor der Anschaffung sollten Sie Ihre Nachbarschaft darum dahingehend warnen.

Schwedische Blumenhühner SCHÖNHEITEN AUS SKANDINAVIEN

Siehe Folge 29!

Als „blommehöna" bezeichnet man die Schwedischen Blumenhühner in ihrer skandinavischen Heimat traditionell, und somit ist klar, dass der deutsche Name schlichtweg eine wörtliche Übersetzung darstellt. Das ist nicht unüblich bei Rassen, die erst seit Kurzem als neue Moderassen im deutschsprachigen Raum anzutreffen sind. Die Schweden wollen mit der Blume im Namen die geblümte Gefiederzeichnung ihrer wohl auffälligsten Hühnerrasse beschreiben. Es sieht so aus, als würden lauter weiße Gänseblümchen auf einem brachen Stück Acker erblühen. Verantwortlich dafür ist der sogenannte „Mottled-Faktor", der zu kleinen weißen Flecken führt, unabhängig davon, ob die Grundfarbe des Blumenhuhns dabei nun Gelb, Rot, Blau, Schwarz oder auch Wildfarben ist. Aufgrund der zahlreichen Kombinationsmöglichkeiten, die sich aus den verschiedenen Grundfarben und der unterschiedlich starken „Mottled-Ausprägung" ergeben, gleicht kein Schwedisches Blumenhuhn dem anderen exakt. Mit ein bisschen Übung ist es für den Halter dieser Rasse darum leicht, seine Tiere auseinanderzuhalten, und gerade das finde ich an dieser Rasse so toll. Sie wurde züchterisch nie extrem vereinheitlicht, sondern durfte bis heute eine gewisse Variabilität im

Bild 1: Blumenhahn und Blumenhenne.

Bild 2: Eine bunte Schar von Schwedischen Blumenhühnern ist eine Augenweide, weil kein Tier dem anderen farblich exakt gleicht.

Bild 3: Ein kleiner Teil der Blumenhuhn-Population zeigt einen Federschopf am Hinterkopf, so wie hier zu sehen.

Bild 4: So unterschiedlich können Schwedische Blumenhähne aussehen: Man sollte immer mit mindestens zwei Hähnen züchten, um die Farbenvielfalt der Landrasse zu erhalten.

Bild 5: Schon die kleinen „Blumenküken“ zeigen eine große Vielfalt an Scheckungen und Mustern.

Aussehen beibehalten. Lustigerweise haben manche der „Schwedischen Blumen“ auch einen kleinen Federschopf auf dem Hinterkopf, ähnlich jenem der bekannteren Sulmtaler Hühner. Wenn eine Rasse optisch so herausragt wie das Schwedische Blumenhuhn, könnte man denken, das Aussehen wäre der Hauptgrund, sich für ihre Haltung zu entscheiden. Die robusten und genügsamen Blumenhühner werden in Schweden aber seit vielen Jahrhunderten auch als vielseitige Wirtschaftsrasse auf den Bauernhöfen gehalten und schaffen, was die Legeleistung anbelangt, ca. 150–180 cremefarbige Eier im Jahr. Angeblich sind auch die Masteigenschaften der jungen Hähnchen nicht außer Acht zu lassen, und so verwundert es mich einmal weniger, dass die Rasse inzwischen bei Selbstversorgern im gesamten deutschsprachigen Raum hoch im Kurs steht. Ich selbst hielt eine Zeit lang Blumenhühner und mein bisher zutraulichstes und lernfreudigstes Huhn war auch eine Vertreterin dieser Rasse. Traudi hat mit ihrem forschen Auftreten wohl den einen oder anderen „Happy Huhn“-Zuschauer dazu animiert, sich selbst „Blumis“ zu holen. Anscheinend werden aber nicht alle Schwedischen Blumenhühner so zahm und andere Halter haben mir von ziemlichen Wildfängen berichtet. Auch was die Hähne anbelangt, so gibt es Zuchtgruppen, in denen mehrere Hähne sehr ruhig und friedlich miteinander leben, und andere Gruppen, in denen nur ein Hahn gehalten werden kann, weil sonst sofort „bis aufs Blut“ gezankt wird. Erstere Variante ist eindeutig begrüßenswerter, denn die Zucht mit mehreren Hähnen ist beim Blumenhuhn wichtig, damit die große Farbenvielfalt der Rasse erhalten bleiben kann. Nachzuchten werden von nur einem Vatertier in der Gruppe ansonsten unweigerlich übermäßig stark geprägt. Schon in einer Kükenschar soll sich nämlich bei den Blumis die spätere Farbenvielfalt der Alttiere erahnen lassen. Blumenküken sind gesund und frohwüchsig. Sie dürfen nicht selten auch in Naturbrut aufwachsen, weil ältere Hennen gerne mal in Brutlust geraten.

Besonderheiten in der Haltung: Die einfachkämmige Variante bereitet keinerlei Schwierigkeiten. Die Variante mit Wickelkamm und Federschopf verlangt etwas mehr Aufmerksamkeit, weil die Federschöpfe niemals die Sichtfreiheit der Tiere einschränken dürfen und im Fall des Falles frei geschnitten werden sollten.

Seidenhühner IMMER SCHÖN FLUFFIG BLEIBEN

Siehe Folge 37!

Seidenhühner genießen unter Hühnerfreunden längst Kultstatus. Ich kenne kaum einen Rassezüchter, der im Lauf seines züchterischen Schaffens nicht auch mal ein paar Seidenhühner bei sich rumlaufen hatte. Seidenhühner haben nämlich auch in höchstem Maße interessante Charaktereigenschaften zu bieten. Für blutige Anfänger, aber auch für Kinder sind sie interessant, weil sie sich ruhig und zutraulich verhalten, und nicht zuletzt auch, weil sie nicht fliegen können. Das zerschlissene Gefieder dieser Rasse taugt schlichtweg nicht dafür, sie abheben zu lassen. Für fortgeschrittene Hühnerhalter, die sich in der Hühnerzucht versuchen möchten, ist das Seidenhuhn hingegen besonders wegen seiner ausgezeichneten Bruteigenschaften ein „Must-have". Seidenhühner haben einen stark entwickelten Bruttrieb und gute Mutterinstinkte, sodass es sich in Züchterkreisen längst eingebürgert hat, die Eier von weniger brutfreudigen Rassen einer Seidenglucke unterzuschieben. Diese wird die fremden Eier in der Regel nicht nur brav adoptieren und ausbrüten, sondern auch den Nachwuchs anschließend bis zum Flüggewerden großziehen und vehement gegen alle Gefahren verteidigen. Es spielt dabei keine Rolle, ob die Küken einer Zwergrasse angehören oder vielleicht umgekehrt schon im halbwüchsigen Wachstumsstadium doppelt so groß sind wie ihre Adoptivmama. Man stelle sich nur mal den denkbar köstlichen Anblick

1

Bild 1: Seidenhühner sind seit vielen Jahrzehnten beliebte Gartenhühner und schaffen es immer wieder, auch Kinder für das Hobby Hühnerhaltung zu begeistern.

Bild 2: Seidenhuhn-Küken vom Farbschlag „Gelb".

Bild 3: Im Farbschlag „Gesperbert" sieht man Seidenhühner nur sehr selten.

Bild 4: Für ihre guten Muttereigenschaften sind die Seidenhuhn-Glucken weltberühmt.

Bild 5: Seidenhühner gibt es mit und ohne Bart. Dieser weiße Zwerg-Seidenhahn ist bartlos.

Bild 6: Auch Seidenhühner haben an den Flügeln ein paar normale Federn, wie man gut sieht, wenn sie sich beim Sonnenbaden strecken.

einer Seidenglucke vor, die einen Trupp halbstarker Orpingtons im Schlepptau führt. Welchem Tierfreund huscht da kein Lachen ins Gesicht?

Seidenhühner machen glücklich, ganz gleich, ob man sie sich ursprünglich als Heimtiere oder als „technikfreie Brutapparate" angeschafft hat. Wer mit Seidenhühnern anfängt, bleibt der Hühnerhaltung meist für viele Jahre treu ergeben. Aber woher kommen die fluffigen Wattebäuschchen-Hühner eigentlich ursprünglich und wie sind sie überhaupt entstanden? Ihre Entstehungsgeschichte ist mit einer rezessiven Genmutation zu erklären, die zu auffallend weichen und dünnen Federschäften führt, mit langen, oftmals auch gegabelten Ästen. Dadurch entsteht der Eindruck eines Haarkleids, wobei die Schwung- und Steuerfedern als einzige Zonen des Gefieders kaum durch die Seidenfiedrigkeit verändert sind. Weil das Merkmal durch ein rezessiv autosomales Allel verursacht wird, kann es gelegentlich ganz unerwartet bei Zufallskreuzungen von Rassehühnern ausmendeln, ohne dass in den vorhergehenden Generationen Tiere mit Seidengefieder vorhanden gewesen wären. Rassen, bei denen die „Seidenfiedrigkeit" besonders häufig im Genom versteckt existiert und dann plötzlich zum Vorschein kommen kann, sind die Chabo-Urzwerge sowie die Zwerg-Chochins und die Wyandotten.

Nun aber genug von der komplizierten Genetik der Rassehühner und zurück zur Frage nach dem Ursprung der Seidenhühner. Seidenhühner sind auf jeden Fall eine Rasse, die schon seit langer Zeit existiert. Als Ursprungsland darf China angenommen werden oder zumindest eine benachbarte Region in Zentral- oder Ostasien. Schon der venezianische Kaufmann Marco Polo berichtete im Jahr 1292 von schwarzen Hühnern mit katzenartigem Aussehen, die er während einer Asienreise beobachtet hatte. Ohne Zweifel konnten das nur Seidenhühner gewesen sein. Auch dem Schweizer Naturforscher Conrad Gesner waren sie als „Wollhühner" in einer weißen Variante wohlbekannt, und so erwähnte er sie in seinem zur Mitte des 16. Jahrhunderts herum entstandenen Vogelbuch. Nach Europa dürften die ersten Seidenhühner spätestens im 18. Jahrhundert gelangt sein, denn es gibt Hinweise aus dieser Zeit, die von fahrenden Schaustellern berichten, die das Seidenhuhn als Kreuzung zwischen Huhn und Kaninchen einem verblüfften Publikum vorführten. Ursprünglich galten alle Seidenhühner als Zwerghühner, heute unterscheidet man aber eine große Variante, die immer deutlich über ein Kilo wiegen soll, von den eigentlichen Zwerg-Seidenhühnern, die lediglich 500–600 g auf die Waage bringen.

Besonderheiten in der Haltung: Im Vergleich zu anderen Hühnerrassen haben Seidenhühner viele Sondermerkmale und sind daher nicht so pflegeleicht, wie oft behauptet wird. So können Seidenhühner etwa nicht gut fliegen und brauchen im Stall niedrige Sitzstangen und Legenester, die auch für sie gut erreichbar sind. Als Stallgenossen eignen sich andere Hühner nur von ruhigen, friedlichen Rassen. Die Federhauben vieler Seidenhühner müssen regelmäßig getrimmt werden, um dauerhaft gute Sichtfreiheit zu gewährleisten. Seidenhuhn-Füße sind jeweils mit einem zusätzlichen Zeh ausgestattet, dessen Kralle sich häufig nicht ausreichend abnutzen oder sogar ungünstig verdreht einwachsen kann. In verdreckten Ställen und Ausläufen nimmt die rassetypische Fußbefiederung schnell Schaden und kann zudem einen Befall von Kalkbeinmilben lange Zeit verdecken. Gewissenhaftigkeit ist also die wichtigste Tugend eines jeden Seidenhuhn-Halters und -Züchters!

Steinpiperl FARBENVIELFALT EINMAL ANDERS

Siehe Folge 50!

Als das Steinpiperl vor nun über zehn Jahren, in der österreichischen Geflügelszene erstmals in aller Munde war, wirkte es zunächst so, als wäre diese Rasse plötzlich aus dem Nichts aufgetaucht. Viele zweifelten daran, dass es sich um einen echten Reliktbestand des alten europäischen Landhuhns handelte. Mir gefiel die Rasse von dem Tag an, an dem ich zum ersten Mal von ihrer Existenz erfuhr, und seither konnte ich vieles in Erfahrung bringen, was die Vergangenheit dieser farbenbunten kleinwüchsigen Landhühner anbelangt. Tatsächlich sind die Steinpiperl keine Neuzüchtung, sondern haben als zwergwüchsige bunte Landhühner, die zu keiner Zeit ihrer Geschichte für Ausstellungen auf Standardnormen durchselektiert wurden, einfach nur viele Jahrzehnte lang ein Schattendasein neben den eigentlichen Rassehühnern geführt. Halbwild oder zumindest frei laufend lebend, haben die Restbestände hauptsächlich auf Bauernhöfen in Niederösterreich, der Steiermark und Kärnten bis heute überdauert. Sehr wahrscheinlich dürften solche bunten Zwerghühner einst in ganz Österreich sowie den Nachbarländern zu finden gewesen sein. Das Gemälde „Mädchen mit Huhn" von Caroline von Moro (1815–1885) zeigt eindeutig ein historisches Steinpiperl-Huhn in Kärnten und gilt meiner Meinung nach als einer der besten Belege für die Existenz von Steinpiperl-Hühnern in früheren Tagen. Aufschlussreich war für mich aber auch ein Gespräch mit meinen Großeltern, insbesondere was die Existenz solche Hühner im Westen Österreichs anbelangt. Mein Opa väterlicherseits ist schon sein ganzes Leben lang Bauer und er konnte sich auf mein Anfragen hin sogleich an kleine farbenfrohe Hühner aus seiner Jugend im Tiroler Unterland erinnern. Wie Wildhühner verhielten diese sich und er berichtete von Glucken, die versteckt in der Scheune brüteten, um unerwartet mit einer bunten Kükenschar wieder zum Vorschein zu kommen, ebenso wie von kleinen streitlustigen Hähnen, die bunter als jeder Bilderbuch-Gockel gewesen seien. Das hörte sich für mich sehr nach dem Steinpiperl-Huhn an. Vermutlich gab es früher zahlreiche lokale Schläge, die auch hinsichtlich ihrer Größe schwankten, und die Populationen in Tirol waren beispielsweise wohl kaum nahe Verwandte von Tieren im Osten Österreichs. Die wertvolle Erkenntnis, die hier letztlich zählt, ist ohnehin jene, dass solche Hühnertypen eben schon immer präsent waren auf hiesigen Höfen und man sich daher über ihre Daseinsberechtigung nicht zanken muss. Steinpiperl erreichen im Schnitt ein Gewicht von 0,7–1,1 kg, haben immer einen Einfachkamm und in der Regel helle fleischfarbene Läufe, die manchmal einen leichten

Bild 1: Die bunten Steinpiperl sind der Inbegriff von lebhaften und robusten Landhühnern alter Tage. Es kommen unzählige Farbvarianten vor.

Bild2: Steinpiperl-Küken sind anfangs sehr klein, befiedern aber außerordentlich schnell und werden früh selbstständig.

Schwarzanflug zeigen. Keinerlei Regeln gibt es, was die Gefiederzeichnung anbelangt. Am häufigsten kommen sie in mehrfarbigen Scheckmustern vor, es gibt jedoch auch rebhuhnfarbige, weizenfarbige, schwarze, wildbraune und rote Exemplare ohne jegliche weiße Flecken. Erlaubt ist, was der Zufall zustande bringt, auf reinerbige Stämme wurden sie nie selektiert. Steinpiperl-Glucken sind ausgezeichnete Muttertiere, die ihren Nachwuchs mit geradezu aggressivem Einsatz verteidigen. Die Küken werden schnell selbstständig, sodass manche Hennen dreimal oder sogar viermal im Jahr erfolgreich brüten und Nachwuchs großziehen. Eine erstaunliche Leistung, und ich denke, dass sie in dieser Hinsicht künftig den Seidenhühnern und Zwerg-Wyandotten Konkurrenz machen könnten, die bisher als die verlässlichsten Brüterinnen der Hühnerwelt galten.

Ich bin gespannt, wie es mit dem Steinpiperl weitergeht, und habe selbst jeden Tag eine Riesenfreude an meiner eigenen kunterbunten Steinpiperl-Truppe, die ich mir über einen längeren Zeitraum Schritt für Schritt aufbauen konnte. Meine Steinpiperl halten mich stets auf Trab, sei es durch wilde Bruten oder „Ausflüge" der flugkräftigen Tiere in die Nachbarschaft.

Besonderheiten in der Haltung: Steinpiperl werden nur schwer zahm und haben einen stark ausgeprägten Bruttrieb. Trotz ihrer geringen Größe brauchen sie außerdem vergleichsweise viel Platz, denn sie sind sehr lebhaft und bewegungsfreudig. Wer züchten möchte, sollte stets auch mehrere Hähne zum Einsatz bringen, damit die rassetypische Farbenvielfalt dauerhaft erhalten bleibt.

Bild1: Ältere Sulmtaler-Hennen sind hervorragende Glucken, die oft große Kükenscharen führen.

Bild 2: Das „Zwerg-Sulmtaler" ist ein legefreudiges, unkompliziertes Zwerghuhn, das sich auch für kleinere Gärten und Hühnerhöfe eignet.

Bild 3: Auch weiße Sulmtaler werden von einigen Liebhabern gezüchtet.

Bild 4: Als kleine Küken sind alle Sulmtaler hellgelb. Die Hähne werden erst im Lauf des Heranwachsens immer dunkler.

Bild 5: Beim Sulmtaler-Hahn ist der Federschopf fransiger ausgeprägt als bei den Hennen.

Bild 6: Gold-Weizenfarbige Sulmtaler-Henne mit farblich abgesetztem Federschopf.

Sulmtaler ÖSTERREICHS BELIEBTESTE HÜHNERRASSE

Siehe Folge 16!

Das stattliche Sulmtaler-Huhn, das ursprünglich aus dem gleichnamigen steirischen Tal stammt, ist in den letzten Jahren zu Österreichs beliebtester Hühnerrasse aufgestiegen. Wieder einmal, muss man dazusagen, denn schon einmal hatte es den besten Ruf allen hiesigen Geflügels. In der Zeit um die Wende vom 19. in das 20. Jahrhundert soll man am Wiener Kaiserhof nämlich ausschließlich die Kapaune, das sind kastrierte Hähne, dieser Rasse aufgetischt haben. Die Fleischqualität der Sulmtaler-Kapaune soll seinerzeit jene sämtlicher anderer Rassen bei Weitem übertroffen haben, und so war die Steiermark weitum berühmt für ihr vorzügliches Tafelhuhn. Bald hielt man die Sulmtaler in fast allen tiefer gelegenen Regionen des Bundeslandes, in denen durch den Maisanbau eine gute Futterbasis für ein solches Masthuhn gegeben war. Leider haben die beiden Weltkriege der Blütezeit dieser Rasse ein jähes Ende beschert. Schon nach dem Ersten Weltkrieg musste man die Zucht mühsam mit Restbeständen wiederaufbauen, und auch der Zweite Weltkrieg fiel ähnlich fatal für die Rasse aus. Hinzu kam, dass nicht lange nach dem Zweiten Weltkrieg die ersten „Industriehühner", sprich Masthybriden und Legehybriden, auftauchten und die traditionellen Rassen somit überall in Mitteleuropa systematisch verdrängt wurden. Gerettet konnte das Sulmtaler-Huhn in der zweiten Hälfte des 20. Jahrhunderts nicht zuletzt auch deshalb werden, weil es mittlerweile in Deutschland einige begeisterte Erhaltungszüchter dieser Rasse gab. Im Nachhinein scheint es fast unglaublich, dass selbst ein so vorzügliches Tafelhuhn wie das „Sulmtaler" keine Chance hatte, sich gegen die kommerziellen Hühner zu behaupten.

Obwohl es auch andere Farbschläge gibt, werden Sulmtaler klassischerweise im höchst attraktiven weizenfarbigen Farbschlag gezüchtet: Die Hennen zeigen verschiedene Gelb-, Beige- und Rottöne im Gefieder, der Hahn jedoch präsentiert sich genauso bunt wie jene Hähne, die man sonst nur noch aus Kinderbüchern kennt. Zu den Highlights seines schillernden Federkleids zählen sicherlich die smaragdgrün glänzenden Sichelfedern, der kupferrot leuchtende Halsbehang und der kastanienrot irisierende Sattelbehang. Typisch für alle Sulmtaler ist auch ein kecker Federschopf auf dem Hinterkopf. Im Gegensatz zu einer Vollhaube, die häufig das Gesichtsfeld der Hühner blockiert, stört der kleine Federschopf die Sulmtaler nicht, ist aber ausreichend groß, um zu einem Markenzeichen der Rasse geworden zu sein.

Insbesondere in Deutschland sind auch weiße, blau-weizenfarbige und silber-weizenfarbige Sulmtaler verbreitet, obgleich nicht alle Sonderfarben von den Zuchtverbänden anerkannt werden.

Unabhängig von der Gefiederfarbe dürfte ohnehin vielen Haltern der gutmütige und sanfte Charakter der Sulmtaler am meisten Freude bereiten. Sie werden schnell zahm, und selbst mehrere Hähne lassen sich zusammen mit den Hennen halten, wenn man sie gemeinsam aufzieht und ausreichend Platz vorhanden ist. Die niedliche Zwergform des Sulmtaler-Huhns eignet sich auch für Haltung in kleinen Gärten, denn die Tiere sind friedfertig und wiegen nur etwa 1 kg. Zwerg-Sulmtaler legen im Verhältnis zu ihrer Körpermasse sehr große Eier und sind daher wie die großen Sulmtaler auch durchaus als Nutzhühner interessant.

Besonderheiten in der Haltung: Die Rasse ist insgesamt nicht schwer zu halten und auch ihre gezielte Zucht empfiehlt sich bereits für Einsteiger. Nur der Federschopf verlangt gelegentlich etwas Pflege, wenn er verschmutzt ist oder die Sichtfreiheit der Tiere behindert.

Vorwerkhühner EIN KLASSIKER „MADE IN GERMANY" IN GEFAHR

Siehe Folge 33!

Manche Gefiederfärbungen, die man bei Hühnern antrifft, sind so markant, dass man sie automatisch mit bestimmten Rassen in Verbindung bringt. Ein bekanntes Beispiel für einen solchen Fall ist die sogenannte „Gipfelzeichnung", die ausschließlich für das Lakenfelder-Huhn und das Vorwerkhuhn reserviert zu sein scheint. Die Gipfelzeichnung sorgt dafür, dass ein Huhn optisch dreigeteilt wirkt: Kopfgefieder und Halsbehang sind tiefschwarz, ebenso das Hinterteil des Tiers, während der dazwischenliegende Hauptteil des Gefieders im Fall der Lakenfelder weiß und im Fall der Vorwerks goldgelb ist. Verdeckt finden sich auch ein paar schwarze Federn in den Schwingen und die Hähne dürfen außerdem im Sattelbehang schwarze Säume aufweisen. Das stört den plakativen Gesamteindruck mit den klar voneinander abgetrennten Farbzonen aber nicht weiter, und so macht die Gipfelzeichnung die beiden Rassen zu zwei Marken für sich, die quasi „gemeinsam anders" sind und schon so manche Geflügelausstellung „gerockt" haben. Hier soll es hauptsächlich um das Vorwerkhuhn gehen, dessen Geschichte vor 100 Jahren am Stadtrand von Hamburg begann und seither von Höhen und Tiefen geprägt war. Begonnen hat alles mit Oskar Vorwerk, der die Idee hatte, ein optisch „schickes" Legehuhn für die gepflegten Gärten in den Hamburger Villenvierteln zu züchten. Konkret verpaarte er dafür Lakenfelder Hühner mit Andalusiern, Orpingtons und Sussex, um diese neue Rasse farblich wie eine goldene Version des Lakenfelder Huhns aussehen zu lassen. Oskars Bemühungen waren schon bald von Erfolg gekrönt, was auch dadurch honoriert wurde, dass man die Rasse während ihres ersten „Höhenflugs" nach ihm benannte. Bis zum Zweiten Weltkrieg hatte die Rasse in allen deutschen Bundesländern eine treue Anhängerschaft für sich gewonnen, und das nicht nur unter den Villenbesitzern. Während des Kriegs starben die Vorwerks aber rasch überall wieder aus und nur in Thüringen konnte ein kleiner Restbestand bis in die Nachkriegszeit überleben. Als in der zweiten Hälfte des 20. Jahrhunderts die Erhaltungszucht für die Rasse gestartet wurde, baute man die Bestände aus diesen Tieren wieder neu auf. Seither wuchs der Bekanntheitsgrad dieser „Made in Germany"-Hühner geradezu rasant wieder an; immer mehr Züchter und Halter fanden sich für die Rasse, und ein erneuter Rückschlag bahnte sich damit wieder an. Dieses Mal sollte der Niedergang aber aus einer völlig neuen Ecke kommen. Wohl wegen seines marketingtechnisch hilfreichen, hohen Bekanntheitsgrades haben auch kommerzielle Geflügelzüchter das Vorwerkhuhn für sich entdeckt und in ihr Programm aufgenommen. Dadurch wird der Markt seit einigen Jahren von vielen Händlern mit qualitativ extrem schlechten Vorwerkhühnern zu Billigpreisen geflutet. Dass Einzeltiere mal unförmige Kämme haben oder körperlich unterentwickelt sind, ist dabei noch tolerierbar, aber viele dieser Vorwerks zeigen nicht einmal mehr die rassetypische schwarze Gipfelzeichnung, sondern nur noch etwas Schwarzanflug im Halsgefieder. Da viele ahnungslose Neueinsteiger sich solche Tiere zulegen und mit ihnen auch züchten wollen, erfährt die Qualität der schönen Traditionsrasse gerade einen gigantischen Dämpfer. Der kleine Züchter, der diese Hühner zum Teil schon seit Jahrzehnten gewissenhaft vermehrt, kann diese Entwicklung nur mit Sorge beobachten, denn mit seinen kleinen Beständen kommt er gegen die „Massenvermehrer" meist nicht an. Ob es sich bei den Vorwerks der Händler übrigens, rein genetisch betrachtet, um reinrassige Tiere handelt, die nur nicht mehr selektiert werden, oder gar um eine Gebrauchskreuzung mit Legehennen, konnte ich bisher nicht ermitteln. Sollten Sie aber mit dem Gedanken spielen, Vorwerkhühner zu züchten, möchte ich Sie an dieser Stelle inständig darum bitten, sich die Tiere nur bei seriösen Züchtern zu holen, die beispielsweise Mitglied in einem Sonderverein oder Zuchtring sind. Lassen Sie sich im Zweifelsfall immer auch die Eltern ihrer Jungtiere zeigen. Auf der sicheren Seite sind Sie bisher mit den Zwerg-Vorwerks, die meines Wissens noch nicht im großen Maßstab vermarktet werden. Zwerg-Vorwerkhühner wiegen ca. 1 kg, während die großen 2–2,5 kg erreichen. Beide Varianten legen 170–200 Eier in ihrer ersten

Legeperiode. Interessant ist die Zeichnung der Vorwerkküken in den ersten Lebenstagen, denn sie sind dunkelgrau mit rotem Kopf, also genau entgegengesetzt zu den Alttieren gefärbt.

Besonderheiten in der Haltung: In ihrer gesamten Pflege und Haltung sind die Vorwerkhühner sehr durchschnittlich und machen keinerlei Probleme, die nicht auch für andere Hühner typisch sind. Wer seine Tiere auf Geflügelschauen ausstellen möchte, muss den Auslauf im Sommer schattieren, denn die goldgelben Gefiederzonen bleichen durch intensive UV-Strahlung sichtbar aus.

Bild 2: Frei laufende Vorwerkhühner sind eine Zierde für jeden Hühnergarten.

Bild 3: Die Küken der Vorwerkhühner zeigen im Gegensatz zu den Alttieren goldene Köpfchen zu einem ansonsten dunkel gehaltenen Körper.

Bild 4: Ein junger Vorwerkhahn mit schön gezacktem Einfachkamm und weißen Ohrscheiben.

Bild 5: Die schiefergrauen Läufe sind typisch für reinrassige Vorwerks.

Bild 1: Ein großer Pluspunkt vieler Yokohama-Glucken ist die überlange Führzeit, die sie ihren Küken oft angedeihen lassen.
Bild 2: Schon ein Trio der edlen Yokohamas kann eine Bereicherung für parkähnliche Gartenanlagen sein.
Bild 3 Bei dieser Yokohama-Henne ist die rassetypische Tröpfchenzeichnung im Brustbereich schön ausgeprägt zu sehen.
Bild 4: Mit ihren überlangen Schwanzfedern haben die Yokohama-Hähne etwas Fasanenartiges an sich.
Bild 5: Yokohama-Küken werden wegen ihrer rötlich gefärbten Köpfchen manchmal auch scherzhaft als „Rotkäppchen" bezeichnet.

Yokohama DIE VIELLEICHT SCHÖNSTE HÜHNERRASSE DER WELT

Siehe Folge 205!

Schöne Hühnerrassen werden in vielen Ländern der Welt schon seit historischen Zeiten gezüchtet und so konnte ich Ihnen in diesem Buch bereits amerikanische, britische, deutsche, schwedische, französische, niederländische, belgische, schweizerische, österreichische und chinesische Rassen vorstellen. Eine besonders produktive Hochburg der Hühnerzucht ist auch Japan, und genau dahin geht die Reise jetzt. Die weltberühmte Hafenstadt Yokohama, südlich von Tokio gelegen, ist nicht nur Japans zweitgrößte Stadt, sondern war seit jeher ein Dreh- und Angelpunkt des internationalen Handels. Auch die traditionellen japanischen Hühnerrassen gelangten häufig von dort aus in andere Teile der Welt. So war es seinerzeit mit den Vorfahren des modernen Yokohama-Huhns, das heute offiziell als europäische Schöpfung gilt, aber dennoch ganz klar japanische Wurzeln hat und letztlich ja auch zu Ehren seiner Herkunft benannt wurde. In den 60er-Jahren des 19. Jahrhunderts, also vor mehr als 150 Jahren, gelangten sogenannte „Minohikis" zuerst nach Frankreich und später nach Deutschland, wo man aus ihnen das heutige Yokohama-Huhn erzüchtete. Bis heute ähneln sich die Rassen Yokohama und Minohiki in ihrer gesamten Körperform sehr, nur farblich sind die Yokohamas eindeutig einen anderen Weg gegangen. Während man Minohikis meist in Silberhalsig oder Goldhalsig antrifft, sind die Yokohamas üblicherweise im Farbschlag Rot-Weiß bzw. „Rotgesattelt" zu sehen, bei welchem sich weiße und rotbraune Zonen im Gefieder auf kontrastreiche Art und Weise abwechseln. Als Highlights dieser Farbgebung können dabei sowohl die weißen Tropfen auf roter Brust gelten, als auch die strahlend weißen Schwanzfedern, die sowohl beim Hahn als auch bei der Henne übermäßig lang entwickelt sind. Insgesamt wirken die Yokohamas in ihrer gesamten Erscheinung sehr leichtfüßig und naturbelassen, man könnte auch sagen „fasanenartig". Als ausgesprochene Zierrasse werden sie manchmal sogar als „schönste Hühnerrasse der Welt" betitelt. Das ist natürlich Geschmackssache, aber auch ich persönlich kann mich den Reizen dieser formvollendeten Tiere nur schwer entziehen. Früher dachte ich immer, diese Hühner sind bestimmt schwer zu halten und viel empfindlicher als „normale Hühner", doch da wurde ich inzwischen eines Besseren belehrt. Direkt in der Nachbarschaft meiner eigenen Hühnerschar lebt seit einiger Zeit eine große Yokohama-Zuchtgruppe, wodurch ich inzwischen viel Zeit hatte, das Verhalten dieser Rasse zu beobachten. Die Yokohamas sind den ganzen Tag auf Futtersuche, fliegen wenig und sind insgesamt ausgeglichene, ruhige Hühner. Die Gruppe besteht aus ca. 20 Hennen, zehn Hähnen und den dazugehörigen Jungtieren. Durch ein großzügig vorhandenes Platzangebot teilt sich der Bestand auf mehrere kleine Grüppchen auf, denen meist nicht nur einige Hennen, sondern auch zwei bis vier Hähne angehören. Die Hähne der einzelnen Gruppen warnen sich bei Gefahren, wie Greifvögeln am Himmel, sofort gegenseitig, was sehr an Wildhühner erinnert. Dazwischen wuseln auch regelmäßig führende Glucken mit meist drei bis sieben Küken herum. Die Muttertiere haben mich dabei mit ihrem stark entwickelten Glucktrieb beeindruckt, denn ich konnte schon Hennen beobachten, die ihre Küken vier Monate lang führten, bis die jungen Hähne schon mit dem Krähen anfingen. Mein Fazit ist daher, dass die Yokohamas eine faszinierende Rasse für all jene sind, die über ein gutes Platzangebot verfügen und denen optische Perfektion sowie natürliche Verhaltensweisen bei Hühnern wichtiger sind als eine Leistungsbetonung auf Fleisch oder Eier. Yokohamas legen erstaunlich wenig. Mit 50–80 Eier pro Jahr und Henne reicht die Fortpflanzungsrate aber für den Rasseerhalt völlig aus. Normalgroße Yokohamas wiegen 1,8–2,5 kg, während die Zwergvariante nur 0,7–0,9 kg auf die Waage bringt. Von beiden Größen gibt es neben den üblichen rot-weißen Tieren auch einen reinweißen Farbschlag.

Besonderheiten in der Haltung: Keine Rasse für beengte Verhältnisse! Als ausgesprochen langschwänzige Rasse brauchen die Yokohamas auch im Stall ausreichend Platz, und Sitzstangen sollen mindestens 40 cm von der Stallwand entfernt positioniert sein, damit die Hähne sich ihre langen Sichelfedern nicht abstoßen. Auch die Legenester der Hennen sollen aus dem gleichen Grund etwas breiter dimensioniert sein.

Zwerg-Wyandotten NIEDLICHE „WUSCHELPOPOS"

Siehe Folge 135!

Eigentlich sind die Zwerg-Wyandotten keine ungewöhnliche Rasse, denn sie sind mit ca. einem Kilo eher durchschnittlich groß für Zwerghühner, besitzen keine hervorstechenden Sondermerkmale wie Hauben oder Lockenfedern, und auch mit speziell gefärbten Eiern können sie nicht punkten. Und doch sind sie so unfassbar beliebt, dass ich mittlerweile schlichtweg ihren hohen Niedlichkeitsfaktor für besonders ausschlaggebend halte. Die „Dotties", wie man sie unter Fans abgekürzt auch nennt, wirken auf den Betrachter in ihrer gesamten Erscheinung sehr weich und irgendwie „harmlos". Dieser Eindruck entsteht einerseits durch den rassetypischen flachen Rosenkamm, andererseits durch die abgerundeten Körperformen, deren Krönung das flauschige, halbkugelförmige Schwanzgefieder ist, das beim Fressen und Scharren immer wie ein rundlicher Federberg nach oben ragt. Letzteres Merkmal hat der Rasse ihren zweiten Spitznamen „Wuschelpopo" eingebracht. Wie sehr die Zwerg-Wyandotten dazu geeignet sind, Menschen für Hühner zu begeistern, durfte ich selbst erleben, als mit Amanda auch eine Vertreterin dieser Rasse zu meiner eigenen Truppe von YouTube-Hühnern dazukam. Amanda, die zum seltenen Farbschlag „Weiß-Blaucolumbia" zählt, avancierte sogleich zum Publikumsliebling bei „Happy Huhn". Zwei Jahre lang bettelten mich die Zuschauer in den Kommentaren daraufhin an, ich möge doch bitte für Amanda noch eine zweite „Dotty" in meine Gruppe dazunehmen, damit sie eine rassegleiche Freundin hätte. Das tat ich dann auch, und jetzt habe ich also noch eine zweite Wuschelpopo-Dame bei mir rumlaufen, die aber lustigerweise nicht zu einer engen Freundin von Amanda wurde, sondern lieber mit anderen Rassen rumläuft. Auch das ist typisch für Dotties, dass sie sich mit allerlei anderen Hühnerrassen gut vertragen und vergesellschaften lassen, ob kleiner oder größer. Möglich ist das, weil die Zwerg-Wyandotten auch noch gewieft und aufmerksam genug sind, um sich in der Hackordnung einer bunten Schar zu behaupten. Nun aber genug der Lobeshymnen, denn auch ein Blick auf Vergangenheit und Entstehungsgeschichte dieser Hühnerrasse soll noch Platz finden. Der Rassename ist in puncto Zuchtgeschichte vermeintlich aufschlussreich, denn die Dotties teilen ihn sich mit den „Wyandot", einem nordamerikanischen Indianerstamm, dessen Stammesgebiet sich im heutigen Oklahoma befindet. Oft wird daher angenommen, die Wyandotten wären die traditionellen Hühner dieser Ureinwohner gewesen und einst in deren Siedlungen herumgelaufen. Die Vorstellung davon finde ich zugegeben recht idyllisch, aber man muss dabei wissen, dass es in Nordamerika vor Eintreffen der Europäer gar keine Haushühner gab. Auch viele

Bild 1: Zwerg-Wyandotten gelten als regelrechte Übermütter. Hier ziehen drei Glucken den Nachwuchs gemeinsam groß.

Bild 2: Zwerg-Wyandott-Küken des gold gesäumten Farbschlags.

Bilder 3 und 4: Zwerg-Wyandott-Hahn und -Henne im direkten Vergleich: Der Hahn hat einen deutlich stärker ausgeprägten Rosenkamm.

Bild 5: Schwarze Zwerg-Wyandotten haben oft einen attraktiven Grünlack im Gefieder.

andere Nutztiere trafen erst dort ein, als das Schicksal der „Native Americans" durch das Vorrücken der Eroberer bereits besiegelt war. Die Wyandotten-Hühner sind ganz unromantisch, einfach nur eine von vielen Hühnerrassen, die im Lauf des 19. Jahrhunderts gezielt aus verschiedenen anderen Rassen erzüchtet wurden. Im Fall der Wyandotten wollte man dabei anfangs eine große Version der Sebrigths erzüchten, die um 1850 herum in den USA als eine der beliebtesten Zwerghuhnrassen galt. Sebrigths wiegen nur etwa 500 g und sind dank ihrer rassetypischen schwarzen Gefiedersäumung ausgesprochen schmucke Vögel. Zwar hatte man durch Einkreuzungen diverser Rassen schon bald große Hühner mit der gewünschten Gefiedersäumung, und auch der charakteristische Rosenkamm der Sebrights ließ sich auf große Hühner leicht übertragen, was aber den Körperbau anbelangte, wirkten die neuen Hühner nicht annähernd so elegant wie die Sebrigths. Zunächst fand die frischgebackene Neuzüchtung daher unter dem Namen „American Sebrigth" nur wenig Anklang in der Welt der Hühnerzucht. Erst als dann einer der Züchter auf die Idee kam, sie in „Wyandottes" umzubenennen, änderte sich das schlagartig. Der Anspruch, ein großes Abbild der Sebrights zu sein, musste damit nicht mehr erfüllt werden und die beispiellose Karriere der Wyandotten als etwas vollkommen Eigenständiges konnte beginnen. Die Namensänderung sollte damals übrigens nicht den Indianerstamm ehren, sondern ein berühmtes Handelsschiff namens „Wyandotte". Irgendwie ist das im Nachhinein betrachtet durchaus passend, denn es waren später auch Handelsschiffe, die die Wyandotten über den Seeweg nach Europa brachten und dafür sorgten, dass sie hier die Herzen der Geflügelzüchter höherschlagen lassen konnten. Schon bald wurden sowohl in den USA als auch in Europa neben den gesäumten Tieren weitere Farbschläge der Rasse entwickelt, und von den meisten Varianten gibt es dabei sowohl eine große (2,5–3,5 kg) als auch eine Zwergvariante (900–1100 g).

Besonderheiten in der Haltung: Zwerg-Wyandotten-Hennen sind hervorragende Glucken, die regelmäßig in Brutlaune geraten, wenn die Haltungsbedingungen stimmen. Wenn Sie keine Naturbrut möchten, kann der starke Bruttrieb lästig sein. Ansonsten ist die Rasse sehr durchschnittlich und stellt keine unerfüllbaren Sonderwünsche an den Halter.

DANKE.

Zuallererst möchte ich meinen treuen Abonnenten auf YouTube danken, die demnächst die 550.000er-Marke erreichen. Würden sich die Serie „Happy Huhn" nicht so viele Leute regelmäßig anschauen, wäre dieses Buch niemals zustande gekommen. Das nächste riesengroße Dankeschön geht an all die vielen Züchter und Hühnerhalter, bei denen ich immer wieder „reinschneien" durfte zum Filmen und Fotografieren, ganz besonders Angelika, Renate, Verena, Andreas, Florian, Johannes, Jörg, Lukas, Marco, Markus, Matthias, Muhamed, Reiner, Thomas, Karin, Coco, Eva, Christian und Tobias. Sie alle halten ihre Hühner sehr vorbildlich, sodass es nicht schwer war, schöne Fotos von „Happy Hühnern" zu bekommen. Hervorheben möchte ich auch den Genetik-Experten Armin Six, der mich bei der Entdeckung der bayerischen Landzwerge gut beraten hat. Auch meiner Familie gebührt ein großes Dankeschön, und zwar insbesondere meinen lieben Großeltern. Alle vier sind als Kinder auf kleinen Tiroler Bauernhöfen mit vielen Tieren aufgewachsen und haben ein Talent dafür, ihre Erlebnisse von damals beim „Geschichtenerzählen" wieder lebendig werden zu lassen. Heute, wie in Kindertagen, liebe ich es, ihnen zuzuhören, denn in ihren Erzählungen schwingt stets viel Respekt und Bewunderung gegenüber den Tieren mit. Da gibt es Geschichten von einer außerordentlich intelligenten Kuh namens „Edelweiß", einem schwarzen Arbeitspferd, das uralt wurde, einem Schwein, das sich selbst für einen Hund hielt, oder beispielsweise auch von Hühnern, die heimlich im Heuboden gebrütet haben. Die Geschichten meiner Omas und Opas geben mir das Gefühl, dass ich tief mit dem bäuerlichen Leben und der Tierhaltung verwurzelt bin, ganz gleich, wo auch immer ich mich auf der Welt gerade rumtreibe.

Nicht vergessen darf ich natürlich auch den Dank an das CADMOS-Team, denn die Zusammenarbeit war ausgesprochen angenehm. Vor noch nicht einmal neun Monaten erzählte ich Brigitte Millán-Ruiz zum ersten Mal von meiner Buchidee und sie gab mir prompt die Chance dazu, sie umzusetzen. Auch meine Lektorin Barbara Meister und meine Grafikerin Gerlinde Gröll haben fantastische Arbeit geleistet und mir stets das Gefühl gegeben, dass sie gerne an dem „Happy Huhn"-Buch arbeiten. Besser kann es für einen Autor eigentlich gar nicht laufen!!!

Robert Höck, im Februar 2021